SUDOKU

스도쿠 10×10

고급 천재력

지음 김영진

Solution 1 of 1

버들미디어

머리말

스도쿠는 답이 "Solution 1of1" 하나입니다.

집중력과 기억력, 논리적인 사고력을 키우며, 머리가 좋아진다는 스도쿠는 단순한 1부터 10까지의 숫자로 10개의 칸을 중복하지 않고 채우는 것이 아닙니다. 10칸으로 이루어져있는 블록에 어떤 숫자를 어디에 채워 넣어야 할지 알아내려면, 논리적으로 생각하는 힘이 있어야합니다. 집중력과 기억력, 논리적인 사고력을 키우는 매력, 마지막 칸을 채울 때까지 책을 놓지 못하게 만드는 중독성도 지녔다. 모든 칸을 채웠을 때 느낄 수 있는 짜릿한 성취감 또한 빼놓을 수 없는 매력이다. 두뇌도 단련하면 강해질 수 있고 젊음을 유지할 수 있다. 즉 꾸준히 두뇌를 단련하면 건강할 수 있다는 뜻이다. 치매 예방에 신경을 쓰시는 분들에게 좋은 선물, 두뇌를 꾸준히 활성화하는 활동을 하면 할수록 뇌세포가 자극되어 두뇌의 노화와 기억력 감퇴, 치매를 효과적으로 예방할 수 있는 것이다.

한 문제씩 풀어낼 때마다 기쁨은 스도쿠에 빠진 사람들만이 느끼는 짜릿함일 것이다.

간단한 규칙 같아 보여도 결코 쉽사리 만족시킬 수는 없다. 무작정 추측하거나 감으로 짐작했다가는 숫자 지옥에 빠지기 십상이다. 하나의 숫자가 그 칸에 들어가는 것은 그럴 수밖에 없는 논리가 뒤따른다.

스도쿠의 매력은 논리적 사고와 여러 면에서 비슷하다는 것을 근거로 다른 속성도 유사할 것이라고 추론하는 일에 있다. 규칙에 따라 다음 칸에 들어갈 숫자를 떠올리고, 다른 칸의 숫자와 대조해봐야 한다. 이렇게 풀다 보면 논리적으로 숫자를 배치하면서 자연스레 두뇌를 계발하게 된다.

하루에 하나씩 스도쿠를 꾸준히 해결하며 인지 기능 향상은 물론 자신감과 성취감을 느낄 수 있습니다.

김영진

SUDOKU

001

DATE _____

TIME _____

1	10			4		7			9
		7			1			3	4
2		9			6				
			6		2		4		7
			9					4	
	3			5		2	9		
8			2		9			5	
	7	10					1		3
			1		7		3		
6				8				1	2

SUDOKU

002

DATE _____

TIME _____

			2		1	8			
		7	8			3			4
	7			8				3	
5		6			2		4		
8					10			1	
		4		1		5			
	2		7				1		8
4		1		5		2		7	
	9		10		7				2
	6			7			8	4	

SUDOKU

003

DATE _____

TIME _____

	10				4		8		7
								3	
3		2	7		6		10	4	
		9		5					1
	9						1		
			6		7			5	
		1				4	6		
	3			7					9
	5	10		2				1	
7	8		1						6

SUDOKU

004

DATE _____

TIME _____

		2							
	3			10		1	9	7	2
			1	7	10			5	
	10					7			6
		9		8	7		10	6	
	6					3	1		
		3			5		4		
			2			8		9	
4		10		1		9			
		7	8		4		6		

SUDOKU

005

DATE _____

TIME _____

					7				
									5
			5				9		
			3	8	1				
	1					10		8	
	4		9				2		
5		4						7	3
7	10			9	2	1			
1	9	7	3			4	10		
4	5	6	10	3	7				

SUDOKU

006

DATE _____

TIME _____

2	7			10		4	1	8	
		10							
9						1	2		
				2		3			
3				1	8	6		7	
			3	5					7
	6			7		10		2	4
7		8		3		2		4	
	4	9			10		7	1	

SUDOKU

007

DATE _____

TIME _____

	7			2				8	
			5						
					6				
							2	3	8
		5		10			1	7	
			7	9					4
			2	3	9			10	
	5		4		2				
6		2				10			9
	9	7	3			4	5		

SUDOKU

008

DATE _____

TIME _____

			5	6		2			
		10			1		4		
2	4	3				8			5
	5		10				3		
7		1			8	6		3	
3			8		4			2	
		6			9		1		
5									
	10		2		5	7		8	
				8		3			

SUDOKU

009

DATE _____

TIME _____

				4	3				
	1					5		7	
					4		10		6
		9		1			8		
2		3	5	10					
	7	8		3		9			2
9		2	4		10		7	1	
4	5					8		10	
		6			5				3

010

DATE _____

TIME _____

			8						
						9			1
			3						
				9			5		
		1		5			6		3
			4	6	7				10
	3	7				1	4		
		8	10			5	2		
	9			4	10				
2		5			6			8	

SUDOKU

011

DATE _____

TIME _____

8			3				2		
	6		4	10		1		3	
	1	3		4	2	7			5
7			2			6	3		
	9			8		2		5	
				3	9		1		10
4		9	1		6	3			
	5		1	4					6
9									

DATE _____

TIME _____

7			3		2			9	
	2			10		5		3	
2					8		3		
	9			1				2	
		5		3	7				2
			7		5	9	10		
4				2		8			
	10		9				4		1
5		10		6		7			
			1						

SUDOKU

013

DATE _____

TIME _____

								2		
			10		6					
		5					9			6
		2	6				8	3	5	
	7									8
4		10				7	2	1	9	
				3	8	7	5			
		6		2		10			1	
	9		2		3			8		4
	6	4	3			5				

DATE _____

TIME _____

5		2			6				
	4		9						
		1		2				7	
4	8		10						9
	3	10						1	
1	6			5	3	4			2
	5		3			9	7		
8		4					1	10	
			8					2	
		3		4					1

SUDOKU

015

DATE _____

TIME _____

	8		3		6				
				2		1	4		
			10				5	9	
	4								2
	5				7				
3			8		2		6		
	5	1				10		8	
		2					3	6	
	1		5	8		6			4
		4			5		9		

016

DATE _____

TIME _____

		6	4				1		
	2								
	3	4			8				
9	6		8			5	3		10
		3		5			8		
6		8	3		1			10	
		10		9	4	7			
4		1		3		8			
	8			7	9	2			

SUDOKU

017

DATE _____

TIME _____

						9		10	
						3			
		10		1					
			9		3		4		
	8				6				2
9	3	6				10			
		7	10	8	1		9		
	1		3		7	5		8	
7		9				4	8		
	5	8	1				6		

DATE _____

TIME _____

2		3		6		8			
			5	1			4		
3				4	9	5		8	
	5		8		3		6		7
		2		8				7	
4		10	9		1				
	3		10			6			
		6					5		
							10		
	6			7				2	

SUDOKU

019

DATE _____

TIME _____

			10					3	
	7				10		1		5
		4				3			
	9	2	6				4		1
6			9		1		2		
	5		2	1				7	
		7					9		8
8			5		6			2	
	1			3		8			2
		10					7		

SUDOKU

020

DATE _____

TIME _____

								4	
			3				8		
	5		10				7	6	
	6	3				7			2
9			2	10		6	5		
	10			2	3				4
		6	8		10	9		1	
2				4					7
		10	5	8		3	1		

24

DATE _____

TIME _____

1		2					9		
9	10		6					3	
3	2	4				8	1		
	5		1	10			2	9	
				4		2		7	
		9			3		6		
			3		1				
	1	7				10	4		
					8			2	
					6				1

SUDOKU

022

DATE _____

TIME _____

			4				6	2	
		4		9					
			6			7	1		3
		7						6	
	10	9	2	1		8			
				6		3		7	
3		1	8		4		2		6
	4		2	5		10		3	
		6					9		

SUDOKU

023

DATE _____

TIME _____

		2			6	4		8	
									5
					8		4	7	
			9			10			2
							8		7
	10		5		1	9		2	
		1		3	9		10		
8		7		9		5			
2		4	7						
	5			6		8			

SUDOKU

024

DATE _____

TIME _____

							5	
1			8		7	2		3	
				5			9		1
10		1			2			4	
	6	2							9
				8		6			
7			4		9		6		
	10		5					8	
5				1			8		4
	2		3		10			9	

SUDOKU

025

DATE _____

TIME _____

5			2		1		7		
	1			9		5		4	
3						10	4		
8	2	7						9	
9		1			2	6			5
							9		
4				1					3
									2
		6		3					8
	5		4			1		6	

DATE _____

TIME _____

6		1		10			8		
4		8	5		6			9	
	6		4	2			10		1
10		9		8		5		4	
			10			8	4		
	3								
						10		2	8
					9		1		7
					1				
			8			7		3	2

DATE _____

TIME _____

				4					
	3	5	8				7		
	4	10						5	2
		3	2		5				
	8		6	7	9	4			
				1		5	6		
	2		5		3		8	7	
10		4				7			6
		7			8		10		

028

DATE _____

TIME _____

		3		7	5	6		9	
		5		10		1	7		8
6	2						4	8	
		10							3
	10		3		4				6
1						3	10		
5		1	6		10				
	7			4					
4		7	1	5					
	3								

SUDOKU

029

DATE _____

TIME _____

				4		5		8	
		5			9		4		2
3						8		1	
	4			7			3		9
7		8						2	
	6		9				8		1
5		9		1	10			7	
	3		10		5	1			
		10						5	
					3				6

SUDOKU

030

DATE _____

TIME _____

			8	2				6	
5		3		6	7				10
	10				4	3			
		8				9	1		
1			9				3	2	
	3	6		7					
		10	7		6				
2						5		8	
	9							10	
		1			8				

SUDOKU

031

DATE _____

TIME _____

1				8		2	6		
	2	10		9				7	
9	7	3			8		10		
		2	4	10	3		1		
			7			10	9	3	
	4				6				
	3					7		5	2
					10		8		
					5			9	
					8				

35

SUDOKU

032

DATE _____

TIME _____

					3			8	
							7		10
			5		2	9		3	4
		1	2	6					
10	4			9	7			6	
		7		2		8			6
8			1	3	5		9		
	7			4	9	6		10	
		3				2			1

SUDOKU

033

DATE _____

TIME _____

3	4			9	7		5		
1		5			4	2		6	
	3					5	9		8
8	5			7	1	3	4		
			9				2		
10								3	
		3	1						
2		7					8		
	8		1	5					
		2			6				

SUDOKU

034

DATE _____

TIME _____

4	9		5		7				
				3		4		9	
6			9						10
1				7				8	
5	2	4			3		1		8
		3	1		10			7	
		8				10			5
	6						4		
		9			6			5	
						7			1

SUDOKU

035

DATE _____

TIME _____

								4	
				5					
1			3		8				
	5		6						9
10		3			7				
	7						9	1	
7		8	10			1			6
	4	9				10	2		8
	9		7				1	3	
		1		8		6		7	4

DATE _____

TIME _____

6					2		3	9		
	7	10		3	6			1		8
		8		6	3					
		1	9		5			4	10	
	4	6		10						2
2						1		10		
						2				9
	5				10		3			
					9				4	
	1									5

SUDOKU

037

DATE _____

TIME _____

7	3	1				4	8		10
		6		10				3	
		5	10	9	1				
6	8						9		7
				5		7	3		
		2			8			4	1
				1	9	10			5
								6	
						6			8
					2				

DATE _____

TIME _____

8		7		1			3		
	4	10			2				
			1						10
							4		
		9		7		1		5	
									6
9	10			4		5	2		1
	8	1	5		3			4	
7		6		9		10			5
	1		2		6		7		

42

DATE _____

TIME _____

9		8	1				6		
				2				1	
	1				3		8		2
		3				4		7	
	7		8				5		
			5		3		6		
	10						1		7
		2		8		9		4	
			5		6		7		
					10			8	

SUDOKU

040

DATE _____

TIME _____

10				7	1		6		
	1			8		7		2	
		2					3		4
7			3			2		1	
	2			4					8
		8			5				
1			8			6		5	
2	10						7		
	9	10			6			8	
						5			9

DATE _____

TIME _____

1									
			9	3					
					4				
	1				2	5	3	8	
7		5					6		3
2			3			10			
	3			7					8
10		9	8	4			1		
			5	8	3		10	9	
		10		6		8		1	2

45

SUDOKU

042

DATE _____

TIME _____

		3		1	4		7		
			4		8	6		2	
		10		5			4		8
	8	1	9					5	
			6			7			1
				4			8		
1					7			9	
					3	4	2		
		6				5		3	
	2	5							

SUDOKU

043

DATE _____

TIME _____

3		4	5				7		9	
	9					1		8		5
1			10						6	
	7			3						
9					10					
							3			
	3			10	4	8	9	7		
				2		5				3
	2		6		8		1			
		8		9		6		3		

SUDOKU

044

DATE _____

TIME _____

4		1	5		10		3		9
		10		6		1		5	
3		8		4	7		6		10
	7							4	
10			6		1				
		9	1			3			
			10						1
					4	5			
					3		8		
					2				6

SUDOKU

045

DATE _____

TIME _____

5		3			1		2	
1			10		5	7		4
		4	6			8		
							6	1
7				6				2
	4		3	8	2		9	5
		7	5		6		3	
	2					4	7	8
		8		9		1		

DATE _____

TIME _____

6		3		2		7		9	
	5		10				4		
		8				2	6	10	
9			1		4				
	9			1			8		6
7					9			2	
10		6	2						
	1								
2		9		3		1			8
	10		4		3		9		

SUDOKU

047

DATE _____

TIME _____

7			9						
1	5						2		
		1		2	9			4	
					2	6			
	9	6		1		4			
		7	8				6		
10				9	4		5		
	3		4			2		10	
		2		3				9	6
			6		5			1	

048

DATE _____

TIME _____

8				5		6		10	
1	7						2		
				8					
9							4		
	1	10		3		5		8	
		6			9				
		2	1			8		3	
	3				7				4
4		3			5				
	6	8						1	

SUDOKU

049

DATE _____

TIME _____

		8		5		10			7
			4		9				
						8		5	
2							4		
10		1	7			2			3
	9		3	2		7			1
	2		1	3	4		6		
	8			6		1			
		7	9					10	
	10								8

SUDOKU

050

DATE _____

TIME _____

10			5			7			
1		7		6			2		3
6			10					1	
	5		9			8			4
		6		4			9		
	2	1						10	
5			4			3			1
						6	7		
2								5	8

SUDOKU

051

DATE _____

TIME _____

1		4	5			10			
2		7	10						5
		6			9			4	
			1	8		2			3
	1				10		8		
		10		9		4		7	
5							7		6
	4			2	5	9		10	
9		3					2		
	8								

052

DATE _____

TIME _____

2		10				8			
3				9					
		2		8		7		9	
			9		4		10		
		4		5					
	6		1						
		5				6		1	
1			3	7		2	8		10
	3			2	7		4	8	
		8			1	5			

SUDOKU

053

DATE _____

TIME _____

3		10		5		4			
			8		3		5		2
		1	2	6				5	
				10			2		3
8			4		10	2		7	
	7						1		
7		5			6			10	
	10								9
		9							
					1	3	4		

DATE _____

TIME _____

4		10		2				8	
			8		5				10
5	4	3		6		7		10	
	2			10	4				3
9			2	1		3			
	7				1		2		
10			7			2	4	1	
				4	3				
2		7		3					
	9		6						

SUDOKU

055

DATE _____

TIME _____

5		3	10				1		
		9	6	8		5		10	
7	9				2	3			
		5						1	
			3	5		6			2
	5			4				8	
		7	3			1			4
6						8	10		
					1		2	6	
					10				3

DATE _____

TIME _____

		10		9		4			
			4		6		1	2	
8		6		3		10			
				5			9	8	
					8	1			
10			7		2				
	7			6			4		
3		2	5						
1		4					5		
	3		8	2					

SUDOKU

057

DATE _____

TIME _____

7			10		1		9		5
	5			8		10			
9		8			10		7	1	
			4	6	2	8			
		5				3			8
				7			6		
								4	
	2				8	9			10
		10			4		3		
					7	1			

SUDOKU

058

DATE _____

TIME _____

8		3					9		
					8			5	
10			4			5		3	7
	1			7		4			9
		2	5		7				
	9	10				2		1	
6				8	10				3
				1					2
				6		7		9	8
					5		6		

SUDOKU

059

DATE _____

TIME _____

10							6		
	5			2		1		8	
1		7			3		10		
2			8			4			
	3			10	5				7
		5		8		2		9	
8				1	9				6
						7		1	
	9				6		2		
			3			8			

SUDOKU

060

DATE _____

TIME _____

1		10			8		4		
			9		2	3		1	
3				8		9	2		7
	2				5			4	
	3	1				6		10	
		4	10				7		
	1			7		2		5	
10					6				4
						4		8	
		9			7		3		5

SUDOKU

061

DATE _____

TIME _____

2			6			10			
	3	5	1				9		7
5		3	2		4			8	
	9		7						6
3	2	8				1			
							3	6	
10						4	7	2	5
		9			8				
							2		
								5	4

DATE _____

TIME _____

		6		8	7			2	
	5	2		9	8	3			
6		1		3		5	10		
	10		9		6			7	1
		9					8		6
10					5		1		
						9			
8		4			10		6		
			1			8	9	4	

SUDOKU

063

DATE _____

TIME _____

4		1			10		8		
			9			4	3		
		3		10	6				
	8				7	9			
		5							
9	4			1		2	6		5
	7	2			4	10			1
3		8		5			10		4
		4	6			7		8	

SUDOKU

064

DATE _____

TIME _____

5		3			4				
			9			2	5		7
8		5		2	6		7		
	9		7		3				8
		10		1		5		9	
6	4								
	5							2	
1				6					4
	10		2						
				4					

SUDOKU

065

DATE _____

TIME _____

				3					
		10	2				7		
		3				4			
	8		10	4	5		6		9
5		7				2		10	
			6		9				
7						8			1
	9		1		4			7	
10		9		2		3		1	
	1		7		10		2		

SUDOKU

066

DATE _____

TIME _____

7		2			1				10
			3	8		5		6	
10				4	7		6		
		3		7				9	
	9		8	2				5	
					8				
9				5					
						1			
1		6			4		3		
	10		2			8	1		

SUDOKU

067

DATE _____

TIME _____

			6	1				9	
	7			2	8				3
1		7			6	9			
	2		8			4	5		
9		5		7			4	10	
	1				5				9
4				6		10		3	
	10		7		9		6		
6		8				7		5	
							8		

DATE _____

TIME _____

9				5				10	
			7	8		4			
					9	8			
	3				7				
	2	4				3			
							1		
	1	3	8			10		2	
		2	6	7	8		4		
7			3			9		4	5
	5			4			8		2

SUDOKU

069

DATE _____

TIME _____

10		8		5		3			9
			4	7	6			8	
	3	8							
	2			10			8		
6		10			7	2			
	5		7					1	10
2				1		5			
7	9		5				3		1
	7								8
		1				6		2	

SUDOKU

070

DATE _____

TIME _____

1		8			5			10	
			6			2	9		
2		5		4	1	8	6		3
	3				7	5			
9			3			7	5		
	8		5			6			
	2			8					
	10		4						9
								7	
							4		2

071

DATE _____

TIME _____

2				1				4	
					10		1		
					6	3		8	
						9	5		4
					5		10	6	
3									
10		9	1	5	2	7			
		7	4		1				5
8	7	2		10			9		
	9	4							

DATE _____

TIME _____

3		2			4	8			6
	8					3			5
6				1			7	4	
	7		5		6			2	
4		8		5		2			
						5		3	
1			10						
			4		10	6			1
	3		6		7			5	

SUDOKU

073

DATE _____

TIME _____

4				6			5	8	
				5			7	10	
7			5			3			10
	8		6	9	2		1		
2		9		1	7		6		
	5		10					4	
		4			9				
6			8					1	
			1						
	2					7			

DATE _____

TIME _____

5				2	8				
			1					9	
		10				4	3		9
			6	1				2	
10					4	6			5
					7				
4		3		8	5		10		
	2		9			3		8	
2			5				7		
	10								

SUDOKU

075

DATE _____

TIME _____

6					9	4	5		
	4				3	8		6	
8		3							7
			1		2			8	
9		10				5	6		
	8				10			1	
		8	2	9			4		
7							3	5	
	2					1		3	
		9							

076

DATE _____

TIME _____

7					9		3		
			9		7	1		10	
8		10					6		
						10	5	4	
3			10		2			1	
	2			8		5			7
		2				6	8		
		4					9		
		9		6	4				8
				5				6	

SUDOKU

077

DATE _____

TIME _____

8			7	3	2				
			4	10		1			
7		5			1		10		
	6					4		9	
1		7			9				8
			9					7	
		1		4		10	6		
			8			5			
	8				4	2		3	
		4	1						5

81

DATE _____

TIME _____

9				4		5			
			5		3		4		
8		6				2		3	
	7		2				1		8
	9			1				10	
7		3			2				9
	2					10		8	
		9		3			7		
	10				6	7			
5		8					3		

SUDOKU

079

DATE _____

TIME _____

					3				
			5				2		4
9		6						1	7
	7							10	
6		2		5					9
1	4		9		6			8	
	6	4		8		10	7		
		5	1		8		4		
8			10			5		7	
	5			3					2

DATE _____

TIME _____

3		2			6				8
			5						7
8				3			9	6	
	9			6			5	2	
						4			
9			1		3	8			10
	8				1				
10		3			9			5	
	5						10		
				1				4	

DATE _____

TIME _____

4								5	
		7		1	10	4		6	
8		4		2	3	1			7
	9								10
1		10				9			
	5			3			6		2
10		1			8			4	
			8						1
		3		10					
	8		2						

SUDOKU

082

DATE _____

TIME _____

	9	10			4	5		1	
5			1	3			6		
			2			1		7	
9			4		2		10		8
1					6	8			9
			3		1		2		
		9				4	1	6	
					3	2	8		
2						10			
	7						9		2

SUDOKU

083

DATE _____

TIME _____

5	4				8	10		
6		3			9				
	5	2			4	8	10	
9			10				2		3
	10				6			5	
7								9	
						3	5		10
10	1							2	7
						1		7	
	6								2

DATE _____

TIME _____

			2			10	3	1	5
		1	10	3			6	4	
		6				8		5	3
		9	4			1		7	
	1			9		5	10	3	4
	10	7							6
								2	8
			1						
	5					3			9
	6								

SUDOKU

085

DATE _____

TIME _____

	7	4	2			1		3	
6				3			7		
		10			4			8	
	9					5		6	
				2	7	9	10		4
				9		8			
7							9		1
					3	10			
	1		8				6		2
		3						5	

SUDOKU

086

DATE _____

TIME _____

1	5		9		4			
	7		10	1				8
5		10			2		1	
4			2	10		3		9
2		3			5	9	7	
	6		7	4				
					6	10		4
				2			3	
	4				9			
						6		1

SUDOKU

087

DATE _____

TIME _____

		10		5				3	
7	3		1		2	4	6		
1	7	5				2			
					7				
							9		
	4		5		6		7		
					9	3			
		6				10	5		
9		2		4				7	
	6	3			8				5

SUDOKU

088

DATE _____

TIME _____

	1				10		7		
8		7				3		2	
1							8		
		10		7	2			1	
4	5					10			7
	10	8		6		5	2		
5			9		3				
	2			1		9			4
		2	10		8				
			5						

SUDOKU

089

DATE _____

TIME _____

		10	1				2		
			9		3			1	
2	3			8		10			7
4				2	5				
	9				8				4
		7		4		6		9	
5					1		7		8
	5	1	10			9		3	
		8		9			5		

DATE _____

TIME _____

	10			8	4	5		3	
		1	5		7				2
6		9	2			10			1
1	3		4		6		5		
		8			5	4	7		
			9	7		1			
	2						10		3
								4	
4		2							
			1						

94

DATE _____

TIME _____

3	6	5						8	
	8	1	4				2		
	10								7
	2				10		3		
			7		4		9		
8	1		5						2
			3		2	5	7		
6	9						4		3
								6	
							1		5

SUDOKU

092

DATE _____

TIME _____

4		6			1	10		5	
	5		7	1		3		4	
		3	4		5				
	2		5	7		4		1	
		4			8		3		9
	9					7		10	
1						8	10		7
		8			4		1		
							5		2

SUDOKU

093

DATE _____

TIME _____

				10	3		7		
			9		2	5		8	
6		8	4				5		10
	7			1				4	
8		3		2	10				7
	6		5			1			
		4			5		3		
2						8		1	
	1				7		8		5
						6		3	

DATE _____

TIME _____

6				1	2		4		
			10			3		5	
7		9		10			5		8
	8			5				6	
1			2		9				10
	7		3	6		2			
		1		8			6		7
	10								
8				9					
	4				8		2		

DATE _____

TIME _____

		4		10		3			
	2				7		1		
				1		5		9	
8			10				3		6
	9							5	
6							2		1
	4	3		5				7	
		2			1				
	5		3			10			
				6	4				

SUDOKU

096

DATE _____

TIME _____

			9	1			7		
5				8	9			10	
		1				9			10
9			8		2	6	5		
		9		7	5		8		
		2	10	4				1	
10			3			1		7	
	8						4		5
		4						9	
					2				

DATE _____

TIME _____

			3			2		8	
6		2		4			10		7
	1			8				9	
		5	9			6			3
8			2			1	9		
	5							10	
					4	7			8
			5		9		2		
				10		3		7	
7									2

DATE _____

TIME _____

			3	4	7			5	
7		2			8				10
	1		7			9	2		
10					1		7	3	
5			1					7	
	3		8		10		1		
				3		5		1	
2			6		4		10		
	4					7		6	
		8							

SUDOKU

099

DATE _____

TIME _____

10		3				8	4		
	2		9		1		6	7	
1		7				6		4	
	9		2		7				5
		9		6				5	
7			5			1			
	8	4		9					
		10				5		1	
2			8				3		
								6	

SUDOKU

100

DATE _____

TIME _____

		7			6	5			1
5						7		2	
7	5		3				9		
	2			6					
2	10								4
8		5		2	1			3	
	6	1			9		10		
	1	6		7			3		10
3								1	9

SUDOKU

101

DATE _____

TIME _____

		10	1			7			6
	5		7	6			8	2	
				2		8	1		
	4	6	10			3	7		
	9			5	2			10	
1	8				4				
4		8				9	10		
	7								
	10			7	9	6			

102

DATE _____

TIME _____

			10	7		5	9	1	
	1	6	4				8	3	
6				3	10			4	
	10				6	2			1
10	8								
					2	9			
	4	3	1						
1	2	8	6		9				10
9	5								

DATE _____

TIME _____

7		10		9					6
	2	6					7	9	
2			10				9		
	8			1				6	
		9		8	1				
1			4			7			
			3		8		6		
	6				10			2	
	10	4	1		7				
							10		

SUDOKU

104

DATE _____

TIME _____

6				7				3	
8		9	5			6		2	
	4		10	3	2	9		7	
2	6				4	10			
		6				5			10
						2			
			4	10	9				
		1							
	8	2			10		9	5	
9			1		7			6	2

SUDOKU

105

DATE _____

TIME _____

5		10	2		4	9		6	
9	6	8							3
			1	3		5		9	
					10	3			
			3	2				1	7
4	10				5		6		
6	2		4	5					
		7		8	2				
					7				
							9		

DATE _____

TIME _____

	1	9			6				
			8				7		
9				5				2	
					3				
3		10	5			4			8
				4					
	2	3				5			4
		1		6		10			9
	4				7		2	5	
	5		1						10

DATE _____

TIME _____

10	1		2		5			
		6		3		7		
1			7		6			
10	8					2		7
6		10				4		
	4		5		8		9	
2		4						7
		8					3	4
	9	6		1				
								2

SUDOKU

108

DATE _____

TIME _____

		5	6		7	9		3	
			8	9					10
5	2			7	9				
6	1				4	2			
	6		5				4		2
		8		10					
9					5		2		
						3			
		3		2		10			1
4									

109

DATE _____

TIME _____

1	10		3		9		7		4
7		8		6				10	
	7		1		6	5	3		
	3	10				4			
		3	2		4	6		9	
				9			1		
		5							
					2				
9	8						3		
10							9		5

DATE _____

TIME _____

		7			9	4		3	
								5	
6				10			2		
	8					5			10
1		8			2				
	9								
		9		3		10	4		
		2	4		6			1	
	4		10	1		7			6
	6			2			8		1

SUDOKU

I I I

DATE _____

TIME _____

		8			5		6		
	7		5					2	9
5				3					7
					2			5	
	3	1				10			
	9						4		
2			9			4		1	
	4	10		8			3		2
	2				9			6	
6			4						1

SUDOKU

112

DATE _____

TIME _____

8		6	9						5
5			3	10		1	6	8	
10		8			2	6	7		
	7	9				3	10		
		1			8		5		9
	6								
2	4	5	8		3				
			6						
						4	7		

SUDOKU

113

DATE _____

TIME _____

7		10					1			4	6
9									5	7	
	2				4	3				1	
6			8				7				
4	9	7					2				
								3			
	4	6									
			9	1			3	6	2		
	3			2						5	10

DATE _____

TIME _____

	1	9	5			4			10
		4		8		6	9		
3			6		2			5	
	7			2		1			3
1	6					5			
7			10				3		
2	4	5			8			7	6
		6				10			
		2			7				

SUDOKU

115

DATE _____

TIME _____

5		1		9		3			10
			7		4		5		
3				7				1	
	2			5	9				4
		2			1	7			
	1		10			9			
		7	8				1		
4	5	9	2		3		8	7	
	8			10		6			

SUDOKU

116

DATE _____

TIME _____

4		7				5			10
	5				1			6	
	4	5	7					2	
6				10	4				8
	2			3	8				
	10	1				7		4	
2			6		7				
		8	9		1				
	9		7				1		
							6		

SUDOKU

117

DATE _____

TIME _____

3	1	8	4			10	6		5
		9		7				8	
			10		4	1			
	9	3			8		10	2	
10	3					4	9		8
			5					1	
		6			7	9	8		
					6				
					10	3	5	9	

DATE _____

TIME _____

2	1	7				4		10	
	4	6					5		
		1	5			7		9	
	2		8				3		6
	5				1	9		7	
1		10			4	5			
					9				
7	10			3				2	
	7		6						
5				8					

SUDOKU

119

DATE _____

TIME _____

1	7		9		8	4			
		10			1	3	2		
		7		6	9	2		3	
	4				1		7		6
8				2		3		10	
	10		5		4				2
					10				
	9		8		2				
	5	9							
									7

SUDOKU

120

DATE _____

TIME _____

10		5			1				7
	7		6			8	2		
7		4			3		6		
	6		9			4		2	5
	3			10		5	8		
	8						1	6	
1			2						
	9		5				7		
	10		8		3				

SUDOKU

121

DATE _____

TIME _____

9	7			2	10			6
		5	4		9		1	
3			8					
	4			9		5	7	
		5			8		9	1
	10	1				4		
		10		7				
			3	6				9
					9		4	
				10		8		

SUDOKU

122

DATE _____

TIME _____

8		7	1	9					10	3
4									6	
		8		4		5	2			
10	5	9			4	8				
2		10	3			6	5			8
				7	9					
		5	9							
	7	6			8		1			
	2	1	10							
										5

SUDOKU

123

DATE _____

TIME _____

7	2				3		4		
6								8	9
	1	8			2		10		7
	7				6	5			
	8	9	7			10	2		1
			2	5	8			4	
			10					9	5
		6				1			
					1				
									8

SUDOKU

124

DATE _____

TIME _____

	1		8	2		10			4
		5			2			3	
8			1			2	9		
	9			4			1		6
		9			3			7	
	4		3					6	
9		8		6		3			
	2		5		9		6		
	3	6		9					
1									2

SUDOKU

125

DATE _____

TIME _____

5			9			4		10	
		6		2			5		
7			1						
	5			9		7			10
3					7		10		
	10	1			4				5
	2	6			3				
	8				5		1		
	9	7						3	
4			5						9

SUDOKU

126

DATE _____

TIME _____

		1	9				3		10
		10			2		4	1	
7			2				9		
			10					4	
		4							5
	7		10						
6		7		3		10			
	2		4		9		6		
	6	3				4		5	
8			7						3

DATE _____

TIME _____

	10		6	5		4			
	7				1		3		
4			9					2	
1			10		6		9		
	4			6	9			10	
9			8			2		4	
	8					1			5
	9						8		
			2		7			1	
		5			10				3

128

DATE _____

TIME _____

	3	7			5		6		1
		8				2		9	
			3		1		8		
9				8		7		6	2
	7				9		5		
		3			7				
	5		7		10	9			8
	8	9					2		
	6		5					4	
			1						6

DATE _____

TIME _____

1	3	7		2	5		10		9
		6				7			
4			5				6		
	6		8			1		3	2
10								7	
9		1			6				
	2					8			
							1		
	9			8	3			10	
		10		7		4			6

SUDOKU

130

DATE _____

TIME _____

	2	8		4		7		1	
7		6			3				
2			1				9		
	7	9		3	8	1	2		
		7	8						10
9			2						
4	8			1			5		
	3							6	
					10		1		4
						6			5

SUDOKU

131

DATE _____

TIME _____

10		1		6		2			
		9	7		8			3	
					10	4		9	8
					2	1	3		5
5		10		4			9		
3	7			8	5		10		4
					4	3			
			5				8	2	
1	2	4							
	8	5							

DATE _____

TIME _____

9		2				6		8	
			1				2		
2		1			9	3			
	7		4		2		5		
8				9	5				10
	4		7			8			
	2				4			6	
	8	10	5			2			3
1				7			9		

SUDOKU

133

DATE _____

TIME _____

8		10	4		5	6			
						1			
	2		5						
				1	3			10	
	5			6	8		1		
3					10	7		9	
	3	2					8		1
		6				9			
2	7		3	5	9				4
					8				

SUDOKU

134

DATE _____

TIME _____

			9	8			10		
1					7			3	
	1		4		9	7			8
10		6		9			3		
		8							
							5		
5			6	4		9			
				2		1			7
	10			3	6		9	8	
	2	9			3				4

SUDOKU

135

DATE _____

TIME _____

		2	3					7
						6		
	1		4		3	2		
		9						8
1	9	6			7			2	4
						8		
	8	4	10		9		7		1
5				7		3	8		
	3		1				4		
				2				5	

SUDOKU

136

DATE _____

TIME _____

		4	2		6		3		
						1			
8		2	3		5		7		1
	9			5					
		6	5	4	1		8		
			1			4		6	
1		3		9		2	10		
	10		6						
	7			2			5		
3					2			9	

SUDOKU

137

DATE _____

TIME _____

1				7		6		
	8		10		3			
10				4				
		7	9		5	1		
	4		5			2		
		9						
5	9		4				2	1
8				3				6
8	10		1			4		
		4		9			1	

DATE _____

TIME _____

3	5		4			1	8		
1		2		6		9	3		
	1				8	7			
5			10		9				4
2	3		5		1				
	4	7							
9			2			4		10	
				1	3				
10	7								
							2		

SUDOKU

139

DATE _____

TIME _____

2	1	5					4		3
		3	10		2		1	7	
7		10		3		2		9	
			9		4	10			
1			3		5	8			
	7				1				
			4						
		6							
4			1		7		2	6	
	6			7		9			

SUDOKU

140

DATE _____

TIME _____

	10		3			5			
		9						2	1
	1		10		3			5	
						4			6
3	2		9				5		
		6							
6			2		9		8		4
	7	4				10	3		
9		10	8					3	
	5			6	1				9

DATE _____

TIME _____

		5			9		4		
						7			
7		10	4		3		5	6	
	8			9		10		7	
6			3						
3	7	6			5			2	
	9			8		6			1
	6			2	10	9		3	
		9					1		

SUDOKU

142

DATE _____

TIME _____

		8		6					
					9	3	8		
1			9		8	2	6	7	
8	2						3		
	4	3			5			8	
	9		10			1	2		
		5	7		6		9	3	
		1	3		10				
		10			7				
									9

143

DATE _____

TIME _____

8		7			5			9	
			5	6					
6			2		10		5		
	5			7		3			8
9					6	10		4	
	8								1
	2	6	7		8			3	
3			8		7				2
	7			10		1			
		3					2		

DATE _____

TIME _____

7	9		3				1		
		6		2				10	
			5		6			7	3
	7			4		10			2
9		7			3		2		
	3		6			8			
		2		5	7				8
10									
	5			7	4			6	
						2			1

SUDOKU

145

DATE _____

TIME _____

		5	2						10
						6			
4							9		
2	8		5	9	10	4		3	
10	3	1			8				2
	7	6		1	9		5		
	5	9			4	7	3		
9						3	4		
5		3			1			9	

146

DATE _____

TIME _____

		7			8	6			
3				9			7		10
	8		7		10			6	
4	5	1			3	8			
	7		4		2				
						1	5		7
	1		2			7	9		
					4			3	
1		8							
9	6								

SUDOKU

147

DATE _____

TIME _____

4	10			5		7			8
	2		8		3	5	1	4	
8		7			9		10		
		9	1			3			6
7		10			4	8			
	4			2			7	5	
5	1						2		
6			4						
	9					1			

SUDOKU

148

DATE _____

TIME _____

3	7	1			8		6		
			9					5	
10			5			7	3		9
	4	7		3	10		1		
	3	5						9	
	1								2
6		10			7	3			
			7				8		
		6						3	
8	5								

SUDOKU

149

DATE _____

TIME _____

2	9		5		10				6
		3		10		9		4	
3	2		8				4		
	5	9		6				2	
9		1			3	6	2		10
	3		6		1		9		
						7		5	
			2				1		9
	8	7						10	
									1

DATE _____

TIME _____

1	3	10					8	6	
9		6				4		1	10
	9		6		8		7		
		8			5				
	4				1	3		9	
			7						
8									
	5								
	8	5		1	10				2
6		9	2		7			3	1

SUDOKU

151

DATE _____

TIME _____

9	1		3					8
		8		1		3	10	
5			6				1	
	7			2		5		
	2			4			5	
		10			3			
						6		
9		8		3	10	2		
7			10		5		4	1
1	8	5		9				

SUDOKU

152

DATE _____

TIME _____

	8	1		7		6		4	
	4		5				2		
2				1		5			
		6					8		
	3				10		9		
					4				
8					1	7		10	
	3			2					9
1		6			3			8	
	10		4						1

DATE _____

TIME _____

	10			4	3	5			
3	5	6			1	8	2		
			2		9		7		
	3		4				1		5
	8	5							1
1									
9	4	7							
	1	4		8	10			5	
6				3			9	4	

SUDOKU

154

DATE _____

TIME _____

7		6				5	2		
					1			9	4
4	5	1			9	8		7	
	2		10				5		
		8		2			1		
					5				
5			3	9	6				
						3			
6		4			2				1
		8	5			6		10	

DATE _____

TIME _____

		7	1	5	2				4
8			4			1		3	
	4	5		3		10	9	6	
9	6				3	5		7	
		10		1	6	3			
			3	8			5		
1							7	5	
						2	10		
7	8								

SUDOKU

156

DATE _____

TIME _____

5		6		3			8		
	7				1			6	
			4					5	8
7		3			4				
					9			10	
		2				6			
	10		3		6	7			5
		7	1				10		
	6	9			5			4	
2			7		10				1

SUDOKU

157

DATE _____

TIME _____

	1					7			
	6						5		
	2		3	8		10		7	
	4						8		6
1		7			9				
	3				10	1		8	
		2			1			10	
10	8		9			3			
				4			10		
2		9			7	4		1	

SUDOKU

158

DATE _____

TIME _____

		10	2	7		6		8	
			5					1	3
10	9		1			8	3		
	3	5					6		4
7			6		3	4			
	5			4	1				
1			8		7			2	
4		3			8				
	6					5			

SUDOKU

159

DATE _____

TIME _____

2	1	10			9				6
		5			4			1	
6	3		1		2	7	10		
	8	7		10	3				
	2	3	4		1				
		6		7			3		
		9					2	5	
									3
	7	2				10			
4	10					5			2

DATE _____

TIME _____

1		4		3			9		
	7		9		5	10			1
	8			7		4		3	
	1	6				5	8		
	2	1			8		4	10	
10						1	6		
4			10		2	9			
		2			3				
	3	5							
6									

SUDOKU

161

DATE _____

TIME _____

		9		3	8		7	5	
	5	4						10	
2		8			7				
	7		5	4	10	9	2		
	10	1		9	5			6	
5	2					3			9
	4	2			6				
		6		1					2
								4	

SUDOKU

162

DATE _____

TIME _____

9				3		5		2	
	10		8	6				9	
1		9		10					
							1		
		2	6			8		5	
				7					
	6	1	2		8	4			
		10		8		7			
	7				6			3	
	8				2			7	9

SUDOKU

163

DATE _____

TIME _____

		7	2			10			
	9		5	6				8	
6		10		9	3			4	
3	5		8		6	1	7		
	4					8		7	
	8	2	1		10				4
			8		9				
					5		2		
					7				
9								10	

DATE _____

TIME _____

	1			9	2				6
		6					9	7	10
	7		9		6		8	3	
	10			4		7	9		1
	5							4	
		7			9				2
8			7						
	6		10	2		8	4		7
4							6		
			3			5			

SUDOKU

165

DATE _____

TIME _____

6	5		9		10	1			
1				10		9			
8		2					3		
	7				1		4		
						8		4	3
			5	2			6		
10			6	4	2			7	
	1	9	3					10	
7					9				6

169

DATE _____

TIME _____

	7	1						8	
		6			1		5		10
2			6	3		4	10		
	9		10		5		8		
10	5			4		9			
8	6		9						3
	1			8					7
3				1					
					7		9		

DATE _____

TIME _____

4		6		7		5		10	
	2		9				1		
2				1	3	4		8	
	3								6
		5		6	1	8			
			7			3			
				10					
	8								7
	10			5		9			
1			8				5	6	4

DATE _____

TIME _____

		1		7			8		5
	8				4			3	
		8		1		5	7		
	4		10		2		9		
	3	4		6		10		7	
10	9		7						3
6				4					
	5						2		
	7	6		10		9			
									1

SUDOKU

169

DATE _____

TIME _____

	3			1		9	5	7	
		4			1	2	8		
10	2		1			6	7		
	6			3	10			5	
1		10		2		3		8	
9					5				
					7	5		1	
	9		5						10
4	10		6	7					
		2							

170

DATE _____

TIME _____

	7			9			10		
		5			3			7	
7		8	4			5			1
	10		1	6			8		
	1	6		5	8			3	
	3						2		
6		4		8		9		1	
									6
		2				7		8	
3			10		1				

001

1	10	2	3	4	5	7	6	8	9
5	6	7	8	9	1	10	2	3	4
2	1	9	4	7	6	3	8	10	5
3	8	5	6	10	2	1	4	9	7
7	2	8	9	1	3	5	10	4	6
4	3	6	10	5	8	2	9	7	1
8	4	1	2	3	9	6	7	5	10
9	7	10	5	6	4	8	1	2	3
10	5	4	1	2	7	9	3	6	8
6	9	3	7	8	10	4	5	1	2

002

9	4	3	2	6	1	8	7	10	5
1	5	7	8	10	6	3	2	9	4
10	7	2	4	8	5	6	9	3	1
5	1	6	3	9	2	7	4	8	10
8	3	9	5	2	10	4	6	1	7
7	10	4	6	1	8	5	3	2	9
6	2	10	7	3	4	9	1	5	8
4	8	1	9	5	3	2	10	7	6
3	9	8	10	4	7	1	5	6	2
2	6	5	1	7	9	10	8	4	3

003

1	10	3	2	6	4	5	8	9	7
9	7	5	8	4	1	6	2	3	10
3	1	2	7	8	6	9	10	4	5
4	6	9	10	5	3	2	7	8	1
2	9	7	5	3	10	8	1	6	4
10	4	8	6	1	7	3	9	5	2
5	2	1	9	10	8	4	6	7	3
8	3	6	4	7	2	1	5	10	9
6	5	10	3	2	9	7	4	1	8
7	8	4	1	9	5	10	3	2	6

004

1	8	2	7	9	3	6	5	4	10
5	3	6	4	10	8	1	9	7	2
6	2	8	1	7	10	4	3	5	9
9	10	4	5	3	1	7	2	8	6
2	1	9	3	8	7	5	10	6	4
7	6	5	10	4	9	3	1	2	8
8	7	3	9	6	5	2	4	10	1
10	4	1	2	5	6	8	7	9	3
4	5	10	6	1	2	9	8	3	7
3	9	7	8	2	4	10	6	1	5

005

5	6	3	1	2	7	9	8	4	10
4	10	8	9	7	2	3	6	1	5
1	2	6	5	4	10	8	9	3	7
10	9	7	3	8	1	4	5	6	2
6	3	1	2	5	4	10	7	8	9
7	8	4	10	9	5	1	3	2	6
9	5	2	4	1	8	6	10	7	3
3	7	10	8	6	9	2	1	5	4
2	1	9	7	3	6	5	4	10	8
8	4	5	6	10	3	7	2	9	1

006

2	7	3	6	10	5	4	1	8	9
1	5	4	8	9	2	7	6	3	10
6	2	10	1	4	7	5	3	9	8
9	3	7	5	8	4	1	2	10	6
10	8	6	7	2	9	3	4	5	1
3	9	5	4	1	8	6	10	7	2
4	10	2	3	5	1	9	8	6	7
8	6	1	9	7	3	10	5	2	4
7	1	8	10	3	6	2	9	4	5
5	4	9	2	6	10	8	7	1	3

007

3	7	4	9	2	1	6	10	8	5
1	10	8	5	6	4	2	7	9	3
5	2	3	1	8	6	7	9	4	10
7	6	9	10	4	5	1	2	3	8
4	8	5	6	10	3	9	1	7	2
2	3	1	7	9	10	8	6	5	4
8	1	6	2	3	9	5	4	10	7
9	5	10	4	7	2	3	8	6	1
6	4	2	8	5	7	10	3	1	9
10	9	7	3	1	8	4	5	2	6

008

4	1	7	5	6	3	2	9	10	8
8	3	10	9	2	1	5	4	7	6
2	4	3	7	9	6	8	10	1	5
6	5	8	10	1	2	9	3	4	7
7	2	1	4	10	8	6	5	3	9
3	6	9	8	5	4	1	7	2	10
10	8	6	3	7	9	4	1	5	2
5	9	2	1	4	7	10	8	6	3
9	10	4	2	3	5	7	6	8	1
1	7	5	6	8	10	3	2	9	4

009

5	2	7	8	4	3	1	9	6	10
3	1	9	10	6	8	5	2	7	4
1	3	5	2	8	4	7	10	9	6
6	4	10	9	7	1	2	3	8	5
2	9	3	5	10	7	6	8	4	1
7	8	4	6	1	2	10	5	3	9
10	7	8	1	3	6	9	4	5	2
9	6	2	4	5	10	3	7	1	8
4	5	1	3	2	9	8	6	10	7
8	10	6	7	9	5	4	1	2	3

010

9	1	4	8	7	5	10	3	6	2
6	10	2	5	3	4	9	8	7	1
1	5	6	3	8	2	7	10	4	9
7	4	10	2	9	1	6	5	3	8
10	8	1	7	5	9	4	6	2	3
3	2	9	4	6	7	8	1	5	10
5	3	7	9	2	8	1	4	10	6
4	6	8	10	1	3	5	2	9	7
8	9	3	6	4	10	2	7	1	5
2	7	5	1	10	6	3	9	8	4

011

8	5	1	3	9	10	4	2	6	7
2	6	7	4	10	5	1	8	3	9
6	1	3	9	4	2	7	10	8	5
7	10	8	2	5	1	6	3	9	4
1	9	4	10	8	7	2	6	5	3
5	2	6	7	3	9	8	1	4	10
4	8	9	1	7	6	3	5	10	2
10	3	2	5	6	8	9	4	7	1
3	7	5	8	1	4	10	9	2	6
9	4	10	6	2	3	5	7	1	8

012

7	5	1	3	8	2	4	6	9	10
6	2	9	4	10	1	5	7	3	8
2	4	6	5	7	8	10	3	1	9
10	9	3	8	1	4	6	5	2	7
9	6	5	10	3	7	1	8	4	2
1	8	2	7	4	5	9	10	6	3
4	1	7	6	2	3	8	9	10	5
3	10	8	9	5	6	2	4	7	1
5	3	10	2	6	9	7	1	8	4
8	7	4	1	9	10	3	2	5	6

013

6	1	8	9	4	5	3	2	7	10
7	2	3	10	5	6	1	4	8	9
3	8	5	1	7	2	9	10	4	6
9	4	2	6	10	1	8	3	5	7
2	7	1	5	9	10	4	6	3	8
4	3	10	8	6	7	2	1	9	5
1	10	9	4	3	8	7	5	6	2
8	5	6	7	2	4	10	9	1	3
5	9	7	2	1	3	6	8	10	4
10	6	4	3	8	9	5	7	2	1

014

5	10	2	1	7	6	8	9	3	4
3	4	8	9	6	7	1	2	5	10
6	9	1	5	2	8	10	4	7	3
4	8	7	10	3	1	2	5	6	9
2	3	10	4	8	9	7	6	1	5
1	6	9	7	5	3	4	10	8	2
10	5	6	3	1	2	9	7	4	8
8	7	4	2	9	5	3	1	10	6
9	1	5	8	10	4	6	3	2	7
7	2	3	6	4	10	5	8	9	1

015

4	8	9	3	1	6	2	7	5	10
5	10	6	7	2	9	1	4	3	8
1	2	3	10	7	8	4	5	9	6
6	4	8	9	5	7	3	1	10	2
2	6	5	1	9	10	7	8	4	3
3	7	10	8	4	2	9	6	1	5
7	5	1	6	3	4	10	2	8	9
8	9	2	4	10	1	5	3	6	7
9	1	7	5	8	3	6	10	2	4
10	3	4	2	6	5	8	9	7	1

016

3	5	6	4	8	2	10	1	7	9
1	2	9	7	10	3	4	5	6	8
5	3	4	9	2	8	6	10	1	7
8	10	7	1	6	5	3	9	2	4
9	6	2	8	1	7	5	3	4	10
7	4	3	10	5	6	1	8	9	2
6	7	8	3	4	1	9	2	10	5
2	1	10	5	9	4	7	6	8	3
4	9	1	2	3	10	8	7	5	6
10	8	5	6	7	9	2	4	3	1

017

2	7	3	6	4	8	9	1	10	5
10	9	1	8	5	2	3	7	4	6
3	6	10	4	1	9	8	2	5	7
8	2	5	9	7	3	1	4	6	10
1	8	4	5	10	6	7	3	9	2
9	3	6	7	2	4	10	5	1	8
5	4	7	10	8	1	6	9	2	3
6	1	2	3	9	7	5	10	8	4
7	10	9	2	6	5	4	8	3	1
4	5	8	1	3	10	2	6	7	9

018

2	9	3	4	6	10	8	7	5	1
7	10	8	5	1	6	9	4	3	2
3	2	7	6	4	9	5	1	8	10
1	5	9	8	10	3	2	6	4	7
6	1	2	3	8	4	10	9	7	5
4	7	10	9	5	1	3	2	6	8
5	3	1	10	2	7	6	8	9	4
8	4	6	7	9	2	1	5	10	3
9	8	4	2	3	5	7	10	1	6
10	6	5	1	7	8	4	3	2	9

019

1	2	5	10	4	7	6	8	3	9
9	7	6	3	8	10	2	1	4	5
7	8	4	1	10	2	3	5	9	6
3	9	2	6	5	8	7	4	10	1
6	4	3	9	7	1	5	2	8	10
10	5	8	2	1	3	9	6	7	4
2	3	7	4	6	5	10	9	1	8
8	10	1	5	9	6	4	3	2	7
5	1	9	7	3	4	8	10	6	2
4	6	10	8	2	9	1	7	5	3

020

10	1	2	4	6	7	5	3	8	9
5	8	9	7	3	6	2	10	4	1
6	2	7	3	1	5	4	8	9	10
4	5	8	10	9	2	1	7	6	3
8	6	3	1	5	9	7	4	10	2
9	7	4	2	10	1	6	5	3	8
1	10	5	9	2	3	8	6	7	4
3	4	6	8	7	10	9	2	1	5
2	3	1	6	4	8	10	9	5	7
7	9	10	5	8	4	3	1	2	6

021

1	4	2	3	5	6	7	9	10	8
9	10	8	6	7	1	4	5	3	2
3	2	4	7	9	5	8	1	6	10
8	5	6	1	10	4	3	2	9	7
6	3	1	5	4	10	2	8	7	9
2	7	10	9	8	3	5	6	1	4
4	8	9	10	3	2	1	7	5	6
5	1	7	2	6	9	10	4	8	3
7	6	3	4	1	8	9	10	2	5
10	9	5	8	2	7	6	3	4	1

022

2	6	3	5	1	7	8	4	9	10
9	7	8	4	10	3	1	6	2	5
7	1	4	3	9	5	6	10	8	2
10	2	5	6	8	9	7	1	4	3
5	8	7	1	4	10	2	3	6	9
6	3	10	9	2	1	4	8	5	7
4	9	2	10	6	8	3	5	7	1
3	5	1	8	7	4	9	2	10	6
1	4	9	2	5	6	10	7	3	8
8	10	6	7	3	2	5	9	1	4

023

3	7	2	1	5	6	4	9	8	10
6	4	9	8	10	7	2	1	3	5
10	3	5	6	2	8	1	4	7	9
4	1	8	9	7	3	10	6	5	2
1	9	3	2	4	5	6	8	10	7
7	10	6	5	8	1	9	3	2	4
5	2	1	4	3	9	7	10	6	8
8	6	7	10	9	4	5	2	1	3
2	8	4	7	1	10	3	5	9	6
9	5	10	3	6	2	8	7	4	1

024

4	3	7	2	10	1	9	5	6	8
1	5	6	8	9	7	2	4	3	10
2	4	3	6	5	8	7	9	10	1
10	8	1	9	7	2	5	3	4	6
3	6	2	1	4	5	8	10	7	9
9	7	5	10	8	4	6	2	1	3
7	1	8	4	3	9	10	6	5	2
6	10	9	5	2	3	4	1	8	7
5	9	10	7	1	6	3	8	2	4
8	2	4	3	6	10	1	7	9	5

025

5	3	4	2	6	1	8	7	10	9
7	1	10	8	9	3	5	2	4	6
3	6	9	1	5	8	10	4	2	7
8	2	7	10	4	5	3	6	9	1
9	4	1	7	10	2	6	8	3	5
6	8	5	3	2	10	7	9	1	4
4	7	2	5	1	6	9	10	8	3
10	9	3	6	8	7	4	1	5	2
1	10	6	9	3	4	2	5	7	8
2	5	8	4	7	9	1	3	6	10

026

6	7	1	9	10	3	2	8	5	4
4	2	8	5	3	6	1	7	9	10
3	6	5	4	2	8	9	10	7	1
10	1	9	7	8	2	5	3	4	6
9	5	2	10	6	7	8	4	1	3
8	3	4	1	7	5	6	2	10	9
7	9	3	6	1	4	10	5	2	8
5	8	10	2	4	9	3	1	6	7
2	10	7	3	9	1	4	6	8	5
1	4	6	8	5	10	7	9	3	2

027

7	5	2	1	4	6	10	9	3	8
8	9	6	10	3	7	2	4	1	5
1	3	5	8	2	4	9	7	6	10
9	4	10	7	6	1	8	3	5	2
4	10	3	2	9	5	6	1	8	7
5	8	1	6	7	9	4	2	10	3
3	7	8	4	1	10	5	6	2	9
6	2	9	5	10	3	1	8	7	4
10	1	4	3	8	2	7	5	9	6
2	6	7	9	5	8	3	10	4	1

028

8	1	3	4	7	5	6	2	9	10
2	6	5	9	10	3	1	7	4	8
6	2	9	5	3	7	10	4	8	1
7	4	10	8	1	2	5	9	6	3
9	10	2	3	8	4	7	1	5	6
1	5	4	7	6	8	3	10	2	9
5	9	1	6	2	10	4	8	3	7
3	7	8	10	4	9	2	6	1	5
4	8	7	1	5	6	9	3	10	2
10	3	6	2	9	1	8	5	7	4

029

9	2	3	7	4	1	5	6	8	10
1	10	5	8	6	9	7	4	3	2
3	9	6	2	10	4	8	5	1	7
8	4	1	5	7	2	6	3	10	9
7	1	8	4	3	6	9	10	2	5
10	6	2	9	5	7	3	8	4	1
5	8	9	6	1	10	4	2	7	3
4	3	7	10	2	5	1	9	6	8
6	7	10	3	9	8	2	1	5	4
2	5	4	1	8	3	10	7	9	6

030

10	7	9	8	2	3	1	5	6	4
5	1	3	4	6	7	2	8	9	10
7	10	2	1	9	4	3	6	5	8
4	5	8	6	3	10	9	1	7	2
1	4	5	9	10	8	7	3	2	6
8	3	6	2	7	1	10	9	4	5
9	8	10	7	5	6	4	2	1	3
2	6	4	3	1	9	5	10	8	7
3	9	7	5	8	2	6	4	10	1
6	2	1	10	4	5	8	7	3	9

031

1	5	7	3	8	4	2	6	10	9
4	2	10	6	9	1	3	5	7	8
9	7	3	1	6	8	4	10	2	5
5	8	2	4	10	3	9	1	6	7
8	6	1	7	5	2	10	9	3	4
3	4	9	10	2	6	5	7	8	1
10	3	6	8	1	9	7	4	5	2
2	9	4	5	7	10	6	8	1	3
7	10	8	2	4	5	1	3	9	6
6	1	5	9	3	7	8	2	4	10

032

2	1	5	7	10	3	4	6	8	9
4	3	9	6	8	1	5	7	2	10
3	2	4	9	1	6	10	8	5	7
6	8	10	5	7	2	9	1	3	4
7	5	1	2	6	4	3	10	9	8
10	4	8	3	9	7	1	2	6	5
5	9	7	4	2	10	8	3	1	6
8	10	6	1	3	5	7	9	4	2
1	7	2	8	4	9	6	5	10	3
9	6	3	10	5	8	2	4	7	1

033

3	4	6	2	9	7	1	5	8	10
1	7	5	8	10	4	2	3	6	9
4	3	1	6	2	10	5	9	7	8
8	5	9	10	7	1	3	4	2	6
5	1	3	9	6	8	10	2	4	7
10	2	4	7	8	5	9	6	3	1
9	6	8	3	1	2	7	10	5	4
2	10	7	5	4	9	6	8	1	3
6	8	10	1	5	3	4	7	9	2
7	9	2	4	3	6	8	1	10	5

034

4	9	2	5	1	7	3	8	10	6
8	10	7	6	3	1	4	5	9	2
6	3	5	9	8	4	1	7	2	10
1	4	10	2	7	5	6	3	8	9
5	2	4	7	10	3	9	1	6	8
9	8	3	1	6	10	5	2	7	4
3	7	8	4	9	2	10	6	1	5
2	6	1	10	5	9	8	4	3	7
7	1	9	8	4	6	2	10	5	3
10	5	6	3	2	8	7	9	4	1

035

5	8	2	1	10	6	9	3	4	7
9	6	4	3	7	5	2	8	10	1
1	2	7	9	3	4	8	5	6	10
4	10	5	8	6	1	3	7	2	9
10	1	3	4	9	2	7	6	8	5
8	7	6	2	5	10	4	9	1	3
7	5	8	10	2	3	1	4	9	6
3	4	9	6	1	7	10	2	5	8
6	9	10	7	4	8	5	1	3	2
2	3	1	5	8	9	6	10	7	4

036

6	8	4	1	2	7	3	9	5	10
9	7	10	5	3	6	4	1	2	8
5	10	8	4	6	3	9	2	1	7
3	2	1	9	7	5	8	4	10	6
1	4	6	3	10	8	5	7	9	2
2	9	5	7	8	1	6	10	3	4
10	3	7	6	1	4	2	5	8	9
8	5	9	2	4	10	7	3	6	1
7	6	2	10	5	9	1	8	4	3
4	1	3	8	9	2	10	6	7	5

037

7	3	1	9	2	6	4	8	5	10
4	5	6	8	10	7	1	2	3	9
2	7	5	10	9	1	3	6	8	4
6	8	4	1	3	5	2	9	10	7
9	1	8	4	5	10	7	3	2	6
3	10	2	7	6	8	9	5	4	1
8	6	3	2	1	9	10	4	7	5
10	9	7	5	4	3	8	1	6	2
5	2	9	3	7	4	6	10	1	8
1	4	10	6	8	2	5	7	9	3

038

8	2	7	6	1	5	4	3	10	9
5	4	10	9	3	2	7	6	1	8
4	7	2	1	6	9	3	5	8	10
3	9	5	10	8	1	6	4	7	2
2	6	9	3	7	10	1	8	5	4
1	5	8	4	10	7	2	9	3	6
9	10	3	7	4	8	5	2	6	1
6	8	1	5	2	3	9	10	4	7
7	3	6	8	9	4	10	1	2	5
10	1	4	2	5	6	8	7	9	3

039

9	4	8	1	3	2	7	6	5	10
7	5	6	10	2	4	8	3	1	9
5	1	9	4	7	3	6	8	10	2
8	6	3	2	10	1	4	9	7	5
3	7	4	8	6	9	10	5	2	1
10	2	1	9	5	7	3	4	6	8
4	10	5	6	9	8	2	1	3	7
1	3	2	7	8	5	9	10	4	6
2	8	10	5	4	6	1	7	9	3
6	9	7	3	1	10	5	2	8	4

040

10	4	5	2	7	1	8	6	9	3
6	1	3	9	8	4	7	5	2	10
8	5	2	1	9	7	10	3	6	4
7	6	4	3	10	9	2	8	1	5
5	2	7	6	4	3	1	9	10	8
9	3	8	10	1	5	4	2	7	6
1	7	9	8	3	10	6	4	5	2
2	10	6	4	5	8	9	7	3	1
4	9	10	5	2	6	3	1	8	7
3	8	1	7	6	2	5	10	4	9

041

1	7	4	2	5	6	9	8	3	10
6	10	8	9	3	1	7	2	5	4
8	5	3	6	2	4	1	7	10	9
9	1	7	4	10	2	5	3	8	6
7	8	5	10	1	9	2	6	4	3
2	4	6	3	9	8	10	5	7	1
5	3	2	1	7	10	4	9	6	8
10	6	9	8	4	7	3	1	2	5
4	2	1	5	8	3	6	10	9	7
3	9	10	7	6	5	8	4	1	2

042

2	6	3	8	1	4	9	7	10	5
5	7	9	4	10	8	6	1	2	3
6	3	10	2	5	9	1	4	7	8
4	8	1	9	7	6	3	10	5	2
8	5	2	6	9	10	7	3	4	1
3	1	7	10	4	5	2	8	6	9
1	10	4	3	2	7	8	5	9	6
7	9	8	5	6	3	4	2	1	10
10	4	6	1	8	2	5	9	3	7
9	2	5	7	3	1	10	6	8	4

043

3	8	4	5	1	2	7	6	9	10
2	9	10	7	6	1	3	8	4	5
1	5	9	10	8	3	2	7	6	4
4	7	6	2	3	9	10	5	8	1
9	6	2	3	7	10	1	4	5	8
5	10	1	8	4	7	9	3	2	6
6	3	5	1	10	4	8	9	7	2
8	4	7	9	2	6	5	10	1	3
7	2	3	6	5	8	4	1	10	9
10	1	8	4	9	5	6	2	3	7

044

4	2	1	5	8	10	7	3	6	9
7	9	10	3	6	8	1	4	5	2
3	5	8	2	4	7	9	6	1	10
1	7	6	9	10	2	8	5	4	3
10	8	7	6	3	1	4	9	2	5
2	4	9	1	5	6	3	7	10	8
5	3	4	10	7	9	6	2	8	1
9	6	2	8	1	4	5	10	3	7
6	1	5	7	2	3	10	8	9	4
8	10	3	4	9	5	2	1	7	6

045

5	6	3	7	4	1	9	2	8	10
1	8	9	10	2	5	7	3	4	6
9	1	4	6	5	3	8	10	2	7
8	3	10	2	7	4	5	6	1	9
7	5	1	9	6	8	3	4	10	2
4	10	2	8	3	7	6	5	9	1
10	4	6	3	8	2	1	9	7	5
2	9	7	5	1	6	10	8	3	4
3	2	5	1	10	9	4	7	6	8
6	7	8	4	9	10	2	1	5	3

046

6	4	3	8	2	10	7	1	9	5
1	5	7	10	9	2	8	4	6	3
3	7	8	5	4	1	2	6	10	9
9	2	10	1	6	4	3	5	8	7
4	9	2	3	1	7	10	8	5	6
7	8	5	6	10	9	4	3	2	1
10	3	6	2	5	8	9	7	1	4
8	1	4	9	7	6	5	2	3	10
2	6	9	7	3	5	1	10	4	8
5	10	1	4	8	3	6	9	7	2

047

7	2	4	9	8	6	1	3	5	10
1	5	3	10	6	7	8	2	9	4
3	6	1	7	2	9	5	10	4	8
9	8	10	5	4	2	6	1	3	7
2	9	6	3	1	10	4	7	8	5
4	10	7	8	5	3	9	6	2	1
10	1	8	2	9	4	7	5	6	3
6	3	5	4	7	1	2	8	10	9
5	4	2	1	3	8	10	9	7	6
8	7	9	6	10	5	3	4	1	2

048

8	2	4	3	5	1	6	7	10	9
1	7	9	10	6	8	3	2	4	5
3	5	1	4	8	6	9	10	7	2
9	10	7	6	2	3	1	4	5	8
2	1	10	9	3	4	5	6	8	7
5	8	6	7	4	9	10	3	2	1
7	4	2	1	9	10	8	5	3	6
6	3	5	8	10	7	2	1	9	4
4	9	3	2	1	5	7	8	6	10
10	6	8	5	7	2	4	9	1	3

049

9	6	8	2	5	3	10	1	4	7
1	7	3	4	10	9	2	8	6	5
3	4	6	10	7	1	8	2	5	9
2	1	5	8	9	6	3	4	7	10
10	5	1	7	8	2	4	9	3	6
6	9	4	3	2	8	7	5	10	1
7	2	10	1	3	4	5	6	9	8
4	8	9	5	6	10	1	7	2	3
8	3	7	9	4	5	6	10	1	2
5	10	2	6	1	7	9	3	8	4

050

10	3	2	5	9	1	7	4	6	8
1	4	7	8	6	9	10	2	5	3
6	8	4	10	2	7	5	3	1	9
7	5	3	9	1	10	8	6	2	4
8	10	6	7	4	5	1	9	3	2
9	2	1	3	5	6	4	8	10	7
5	6	8	4	7	2	3	10	9	1
3	1	9	2	10	8	6	7	4	5
2	7	10	1	3	4	9	5	8	6
4	9	5	6	8	3	2	1	7	10

051

1	3	4	5	6	2	10	9	8	7
2	9	7	8	10	6	3	4	1	5
3	2	6	10	7	9	5	1	4	8
4	5	9	1	8	7	2	10	6	3
7	1	2	4	5	10	6	8	3	9
8	6	10	3	9	1	4	5	7	2
5	10	1	9	3	4	8	7	2	6
6	4	8	7	2	5	9	3	10	1
9	7	3	6	4	8	1	2	5	10
10	8	5	2	1	3	7	6	9	4

052

2	5	10	4	1	6	8	9	3	7
3	8	7	6	9	2	10	5	4	1
4	1	2	10	8	5	7	6	9	3
5	7	3	9	6	4	1	10	2	8
7	10	4	2	5	8	3	1	6	9
8	6	9	1	3	10	4	2	7	5
9	2	5	8	10	3	6	7	1	4
1	4	6	3	7	9	2	8	5	10
10	3	1	5	2	7	9	4	8	6
6	9	8	7	4	1	5	3	10	2

053

3	2	10	1	5	9	4	6	8	7
6	9	4	8	7	3	10	5	1	2
4	3	1	2	6	7	9	10	5	8
9	8	7	5	10	4	1	2	6	3
8	6	3	4	1	10	2	9	7	5
5	7	2	10	9	8	6	1	3	4
7	4	5	9	2	6	8	3	10	1
1	10	8	6	3	2	5	7	4	9
10	1	9	3	4	5	7	8	2	6
2	5	6	7	8	1	3	4	9	10

054

4	5	10	3	2	7	1	6	8	9
6	1	9	8	7	5	4	3	2	10
5	4	3	1	6	9	7	8	10	2
7	2	8	9	10	4	5	1	6	3
9	6	4	2	1	10	3	5	7	8
3	7	5	10	8	1	9	2	4	6
10	3	6	7	9	8	2	4	1	5
1	8	2	5	4	3	6	10	9	7
2	10	7	4	3	6	8	9	5	1
8	9	1	6	5	2	10	7	3	4

055

5	4	3	10	7	8	2	1	9	6
1	2	9	6	8	3	5	4	10	7
7	9	1	4	6	2	3	8	5	10
8	3	5	2	10	4	6	7	1	9
9	10	8	1	3	5	7	6	4	2
2	5	6	7	4	10	9	3	8	1
10	8	7	3	5	6	1	9	2	4
6	1	4	9	2	7	8	10	3	5
3	7	10	5	9	1	4	2	6	8
4	6	2	8	1	9	10	5	7	3

056

6	2	10	1	9	3	4	7	5	8
5	8	3	4	7	6	9	1	2	10
8	1	6	9	3	4	10	2	7	5
4	10	7	2	5	1	3	9	8	6
2	5	9	3	4	8	1	6	10	7
10	6	1	7	8	2	5	3	9	4
9	7	8	10	6	5	2	4	1	3
3	4	2	5	1	10	7	8	6	9
1	9	4	6	10	7	8	5	3	2
7	3	5	8	2	9	6	10	4	1

057

7	6	4	10	3	1	2	9	8	5
2	5	9	1	8	3	10	4	6	7
9	3	8	2	5	10	6	7	1	4
1	10	7	4	6	2	8	5	3	9
4	1	5	6	2	9	3	10	7	8
10	8	3	9	7	5	4	6	2	1
8	9	1	5	10	6	7	2	4	3
3	2	6	7	4	8	9	1	5	10
6	7	10	8	1	4	5	3	9	2
5	4	2	3	9	7	1	8	10	6

058

8	4	3	7	5	1	6	9	2	10
2	6	1	9	10	8	3	7	5	4
10	2	8	4	9	6	5	1	3	7
5	1	6	3	7	2	4	10	8	9
1	8	2	5	4	7	9	3	10	6
7	9	10	6	3	4	2	8	1	5
6	5	9	2	8	10	1	4	7	3
3	7	4	10	1	9	8	5	6	2
4	10	5	1	6	3	7	2	9	8
9	3	7	8	2	5	10	6	4	1

059

10	8	3	1	4	2	5	6	7	9
7	5	6	9	2	4	1	3	8	10
1	4	7	6	5	3	9	10	2	8
2	10	9	8	3	1	4	7	6	5
9	3	1	2	10	5	6	8	4	7
6	7	5	4	8	10	2	1	9	3
8	2	4	7	1	9	10	5	3	6
3	6	10	5	9	8	7	4	1	2
4	9	8	10	7	6	3	2	5	1
5	1	2	3	6	7	8	9	10	4

060

1	6	10	2	3	8	5	4	7	9
5	7	8	9	4	2	3	6	1	10
3	4	5	1	8	10	9	2	6	7
9	2	7	6	10	5	1	8	4	3
8	3	1	7	9	4	6	5	10	2
2	5	4	10	6	3	8	7	9	1
4	1	6	3	7	9	2	10	5	8
10	9	2	8	5	6	7	1	3	4
7	10	3	5	2	1	4	9	8	6
6	8	9	4	1	7	10	3	2	5

061

2	4	7	6	9	3	10	5	1	8
8	3	5	1	10	6	2	9	4	7
5	6	3	2	1	4	7	10	8	9
4	9	10	7	8	2	5	1	3	6
3	2	8	5	6	7	1	4	9	10
9	7	1	10	4	5	8	3	6	2
10	1	6	8	3	9	4	7	2	5
7	5	9	4	2	8	3	6	10	1
1	8	4	9	5	10	6	2	7	3
6	10	2	3	7	1	9	8	5	4

062

3	4	6	10	8	7	1	5	2	9
1	5	2	7	9	8	3	4	6	10
6	7	1	2	3	9	5	10	8	4
4	10	8	9	5	6	2	3	7	1
5	1	9	4	7	2	10	8	3	6
10	2	3	8	6	5	4	1	9	7
7	3	10	6	1	4	9	2	5	8
8	9	4	5	2	10	7	6	1	3
2	6	7	1	10	3	8	9	4	5
9	8	5	3	4	1	6	7	10	2

063

4	6	1	2	3	10	5	8	9	7
10	5	7	9	8	1	4	3	2	6
7	9	3	4	10	6	1	2	5	8
5	8	6	1	2	7	9	4	10	3
2	1	9	8	4	5	3	7	6	10
6	3	5	10	7	2	8	1	4	9
9	4	10	3	1	8	2	6	7	5
8	7	2	5	6	4	10	9	3	1
3	2	8	7	5	9	6	10	1	4
1	10	4	6	9	3	7	5	8	2

064

5	2	3	1	7	4	8	9	6	10
10	6	4	9	8	1	2	5	3	7
8	1	5	3	2	6	4	7	10	9
4	9	6	7	10	3	1	2	5	8
2	3	10	8	1	7	5	4	9	6
6	4	7	5	9	8	3	10	1	2
9	5	8	4	3	10	7	6	2	1
1	7	2	10	6	5	9	3	8	4
7	10	1	2	5	9	6	8	4	3
3	8	9	6	4	2	10	1	7	5

065

6	7	5	8	3	1	9	10	4	2
1	4	10	2	9	3	6	7	8	5
9	6	3	5	7	8	4	1	2	10
2	8	1	10	4	5	7	6	3	9
5	3	7	9	1	6	2	4	10	8
4	2	8	6	10	9	1	3	5	7
7	10	4	3	5	2	8	9	6	1
8	9	2	1	6	4	10	5	7	3
10	5	9	4	2	7	3	8	1	6
3	1	6	7	8	10	5	2	9	4

066

7	5	2	9	6	1	4	8	3	10
4	1	10	3	8	2	5	9	6	7
10	2	9	5	4	7	3	6	1	8
8	6	3	1	7	5	10	2	9	4
3	9	7	8	2	10	6	4	5	1
6	4	5	10	1	8	9	7	2	3
9	3	1	4	5	6	7	10	8	2
2	7	8	6	10	3	1	5	4	9
1	8	6	7	9	4	2	3	10	5
5	10	4	2	3	9	8	1	7	6

067

8	3	10	6	1	4	2	7	9	5
5	7	4	9	2	8	1	10	6	3
1	5	7	10	4	6	9	3	2	8
3	2	6	8	9	7	4	5	1	10
9	6	5	2	7	3	8	4	10	1
10	1	3	4	8	5	6	2	7	9
4	8	9	5	6	2	10	1	3	7
2	10	1	7	3	9	5	6	8	4
6	4	8	3	10	1	7	9	5	2
7	9	2	1	5	10	3	8	4	6

068

9	4	1	2	5	3	6	7	10	8
3	6	10	7	8	2	4	9	5	1
2	7	5	4	1	9	8	3	6	10
6	3	8	9	10	7	5	2	1	4
8	2	4	1	6	10	3	5	7	9
10	9	7	5	3	4	2	1	8	6
4	1	3	8	9	5	10	6	2	7
5	10	2	6	7	8	1	4	9	3
7	8	6	3	2	1	9	10	4	5
1	5	9	10	4	6	7	8	3	2

069

10	1	8	6	5	4	3	2	7	9
9	3	2	4	7	6	1	10	8	5
1	6	3	8	4	9	7	5	10	2
5	2	7	9	10	1	4	8	3	6
6	8	10	1	3	7	2	9	5	4
4	5	9	7	2	3	8	1	6	10
2	10	4	3	1	8	5	6	9	7
7	9	6	5	8	2	10	3	4	1
3	7	5	2	6	10	9	4	1	8
8	4	1	10	9	5	6	7	2	3

070

1	4	8	2	9	5	3	7	10	6
7	5	3	6	10	4	2	9	8	1
2	7	5	10	4	1	8	6	9	3
6	3	9	8	1	7	5	2	4	10
9	1	4	3	6	10	7	5	2	8
10	8	7	5	2	9	6	1	3	4
3	9	2	1	5	8	4	10	6	7
8	10	6	4	7	2	1	3	5	9
4	2	1	9	3	6	10	8	7	5
5	6	10	7	8	3	9	4	1	2

071

2	10	8	9	1	3	5	6	4	7
4	3	5	6	7	10	2	1	9	8
5	4	1	2	9	6	3	7	8	10
7	6	10	8	3	1	9	5	2	4
9	1	7	4	2	5	8	10	6	3
3	5	6	10	8	7	4	2	1	9
10	8	9	1	5	2	7	4	3	6
6	2	3	7	4	9	1	8	10	5
8	7	2	3	10	4	6	9	5	1
1	9	4	5	6	8	10	3	7	2

072

3	5	2	1	7	4	8	9	10	6
9	8	10	4	6	2	3	1	7	5
6	2	3	10	1	5	9	7	4	8
8	7	4	5	9	6	1	3	2	10
4	1	8	3	5	9	2	10	6	7
7	10	6	9	2	1	5	8	3	4
1	4	7	2	10	8	6	5	9	3
5	6	9	8	3	10	7	4	1	2
2	9	5	7	4	3	10	6	8	1
10	3	1	6	8	7	4	2	5	9

073

4	10	2	7	6	3	1	5	8	9
3	1	8	9	5	4	2	7	10	6
7	4	1	5	2	8	3	9	6	10
10	8	3	6	9	2	5	1	7	4
2	3	9	4	1	7	10	6	5	8
8	5	6	10	7	1	9	3	4	2
1	7	4	2	10	9	6	8	3	5
6	9	5	8	3	10	4	2	1	7
9	6	7	1	4	5	8	10	2	3
5	2	10	3	8	6	7	4	9	1

074

5	3	9	10	2	8	1	6	7	4
7	4	8	1	6	3	5	2	9	10
8	7	10	2	5	1	4	3	6	9
3	9	4	6	1	10	7	5	2	8
10	1	2	8	7	4	6	9	3	5
9	5	6	3	4	7	2	8	10	1
4	6	3	7	8	5	9	10	1	2
1	2	5	9	10	6	3	4	8	7
2	8	1	5	3	9	10	7	4	6
6	10	7	4	9	2	8	1	5	3

075

6	1	2	3	8	9	4	5	7	10
10	4	5	9	7	3	8	2	6	1
8	10	3	4	2	5	6	1	9	7
5	9	7	1	6	2	3	10	8	4
9	3	10	7	1	4	5	6	2	8
2	8	4	6	5	10	9	7	1	3
3	5	8	2	9	1	7	4	10	6
7	6	1	10	4	8	2	3	5	9
4	2	6	8	10	7	1	9	3	5
1	7	9	5	3	6	10	8	4	2

076

7	10	6	1	2	9	4	3	8	5
5	8	3	9	4	7	1	2	10	6
8	4	10	5	3	1	7	6	9	2
2	9	7	6	1	8	10	5	4	3
3	6	5	10	7	2	8	4	1	9
9	2	1	4	8	6	5	10	3	7
1	5	2	3	9	10	6	8	7	4
6	7	4	8	10	5	3	9	2	1
10	3	9	7	6	4	2	1	5	8
4	1	8	2	5	3	9	7	6	10

077

8	1	6	7	3	2	9	4	5	10
2	5	9	4	10	7	1	3	8	6
7	4	5	2	9	1	8	10	6	3
3	6	8	10	1	5	4	7	9	2
1	10	7	6	5	9	3	2	4	8
4	2	3	9	8	10	6	5	7	1
5	9	1	3	4	8	10	6	2	7
10	7	2	8	6	3	5	9	1	4
6	8	10	5	7	4	2	1	3	9
9	3	4	1	2	6	7	8	10	5

078

9	3	10	8	4	1	5	2	7	6
1	6	7	5	2	3	8	4	9	10
8	1	6	9	5	7	2	10	3	4
3	7	4	2	10	9	6	1	5	8
4	9	2	6	1	8	3	5	10	7
7	5	3	10	8	2	4	6	1	9
6	2	5	1	7	4	10	9	8	3
10	8	9	4	3	5	1	7	6	2
2	10	1	3	9	6	7	8	4	5
5	4	8	7	6	10	9	3	2	1

079

2	8	7	6	4	3	1	5	9	10
10	1	3	5	9	7	2	6	4	8
9	10	6	4	2	5	8	1	3	7
5	7	8	3	1	2	4	9	10	6
6	3	2	8	5	4	7	10	1	9
1	4	10	9	7	6	3	2	8	5
3	6	4	2	8	9	10	7	5	1
7	9	5	1	10	8	6	4	2	3
8	2	9	10	6	1	5	3	7	4
4	5	1	7	3	10	9	8	6	2

080

3	4	2	7	10	6	5	1	9	8
1	6	8	5	9	10	2	4	3	7
8	7	5	2	3	4	10	9	6	1
4	9	1	10	6	8	7	5	2	3
7	3	10	6	8	5	4	2	1	9
9	2	4	1	5	3	8	6	7	10
5	8	6	9	2	1	3	7	10	4
10	1	3	4	7	9	6	8	5	2
2	5	9	3	4	7	1	10	8	6
6	10	7	8	1	2	9	3	4	5

081

4	10	6	9	8	1	2	5	7	3
2	3	7	5	1	10	4	8	6	9
8	6	4	10	2	3	1	9	5	7
3	9	5	1	7	6	8	4	2	10
1	2	10	6	4	7	9	3	8	5
9	5	8	7	3	4	10	6	1	2
10	7	1	3	9	8	5	2	4	6
6	4	2	8	5	9	7	10	3	1
5	1	3	4	10	2	6	7	9	8
7	8	9	2	6	5	3	1	10	4

082

6	9	10	8	2	4	5	7	1	3
5	4	7	1	3	8	9	6	2	10
10	3	8	2	5	9	1	4	7	6
9	6	1	4	7	2	3	10	5	8
1	10	2	7	4	6	8	5	3	9
8	5	6	3	9	1	7	2	10	4
3	2	9	5	8	10	4	1	6	7
7	1	4	6	10	3	2	8	9	5
2	8	5	9	6	7	10	3	4	1
4	7	3	10	1	5	6	9	8	2

083

1	5	4	7	9	2	8	10	3	6
6	2	3	8	10	9	7	1	4	5
3	7	5	2	6	1	4	8	10	9
9	4	1	10	8	7	5	2	6	3
4	10	9	3	1	6	2	7	5	8
7	8	2	6	5	3	10	4	9	1
2	9	6	4	7	8	3	5	1	10
10	1	8	5	3	4	6	9	2	7
8	3	10	9	2	5	1	6	7	4
5	6	7	1	4	10	9	3	8	2

084

6	7	4	2	8	9	10	3	1	5
5	9	1	10	3	8	7	6	4	2
1	2	6	7	10	4	8	9	5	3
8	3	9	4	5	6	1	2	7	10
2	1	8	6	9	7	5	10	3	4
3	10	7	5	4	1	2	8	9	6
7	4	10	3	6	5	9	1	2	8
9	8	5	1	2	3	6	4	10	7
4	5	2	8	1	10	3	7	6	9
10	6	3	9	7	2	4	5	8	1

085

9	7	4	2	10	5	1	8	3	6
6	8	5	1	3	2	4	7	9	10
3	6	10	5	7	4	2	1	8	9
2	9	8	4	1	10	5	3	6	7
8	5	6	3	2	7	9	10	1	4
4	10	1	7	9	6	8	5	2	3
7	3	2	10	5	8	6	9	4	1
1	4	9	6	8	3	10	2	7	5
5	1	7	8	4	9	3	6	10	2
10	2	3	9	6	1	7	4	5	8

086

3	1	5	8	9	7	4	2	6	10
6	4	7	2	10	1	3	5	9	8
8	5	9	10	3	6	2	4	1	7
4	7	6	1	2	10	8	3	5	9
2	10	1	3	4	8	5	9	7	6
5	6	8	9	7	4	10	1	2	3
1	2	3	7	5	9	6	10	8	4
9	8	10	4	6	2	1	7	3	5
7	3	4	6	1	5	9	8	10	2
10	9	2	5	8	3	7	6	4	1

087

6	2	10	4	5	1	7	8	3	9
7	3	8	1	9	2	4	6	5	10
1	7	5	3	8	10	2	4	9	6
4	10	6	9	2	7	5	3	1	8
3	1	7	2	6	5	8	9	10	4
8	4	9	5	10	6	1	7	2	3
5	8	4	10	7	9	3	1	6	2
2	9	1	6	3	4	10	5	8	7
9	5	2	8	4	3	6	10	7	1
10	6	3	7	1	8	9	2	4	5

088

2	1	5	3	9	10	6	7	4	8
8	6	7	4	10	1	3	9	2	5
1	3	4	2	5	9	7	8	6	10
9	8	10	6	7	2	4	5	1	3
4	5	9	1	2	6	10	3	8	7
3	10	8	7	6	4	5	2	9	1
5	7	6	9	4	3	8	1	10	2
10	2	3	8	1	5	9	6	7	4
7	9	2	10	3	8	1	4	5	6
6	4	1	5	8	7	2	10	3	9

089

6	4	10	1	3	7	5	2	8	9
8	7	2	9	5	3	4	10	1	6
2	3	4	6	8	9	10	1	5	7
9	10	5	7	1	2	8	4	6	3
4	1	6	8	2	5	3	9	7	10
10	9	3	5	7	8	1	6	2	4
1	8	7	2	4	10	6	3	9	5
5	6	9	3	10	1	2	7	4	8
7	5	1	10	6	4	9	8	3	2
3	2	8	4	9	6	7	5	10	1

090

2	10	6	7	8	4	5	1	3	9
9	4	1	5	3	7	8	6	10	2
6	8	9	2	5	3	10	4	7	1
1	3	7	4	10	6	9	5	2	8
10	1	8	3	2	5	4	7	9	6
5	6	4	9	7	2	1	3	8	10
7	2	5	8	4	9	6	10	1	3
3	9	10	6	1	8	7	2	4	5
4	5	2	10	9	1	3	8	6	7
8	7	3	1	6	10	2	9	5	4

091

3	6	5	9	2	1	7	10	8	4
7	8	1	4	10	5	6	2	3	9
1	10	3	8	9	6	2	5	4	7
5	2	4	6	7	10	9	3	1	8
2	3	10	7	6	4	8	9	5	1
8	1	9	5	4	3	10	6	7	2
10	4	8	3	1	2	5	7	9	6
6	9	7	2	5	8	1	4	10	3
9	5	2	1	3	7	4	8	6	10
4	7	6	10	8	9	3	1	2	5

092

4	3	6	2	9	1	10	7	5	8
8	5	10	7	1	9	3	2	4	6
6	1	3	4	8	5	2	9	7	10
10	2	9	5	7	6	4	8	1	3
2	7	4	1	10	8	5	3	6	9
3	9	5	8	6	2	7	4	10	1
1	4	2	6	5	3	8	10	9	7
7	10	8	9	3	4	6	1	2	5
5	8	1	10	2	7	9	6	3	4
9	6	7	3	4	10	1	5	8	2

093

5	8	1	2	10	3	4	7	6	9
4	3	6	9	7	2	5	10	8	1
6	2	8	4	3	1	7	5	9	10
9	7	5	10	1	6	3	2	4	8
8	4	3	1	2	10	9	6	5	7
7	6	10	5	9	8	1	4	2	3
1	9	4	8	6	5	10	3	7	2
2	10	7	3	5	4	8	9	1	6
3	1	9	6	4	7	2	8	10	5
10	5	2	7	8	9	6	1	3	4

094

6	3	5	8	1	2	7	4	10	9
4	9	7	10	2	1	3	8	5	6
7	6	9	4	10	3	1	5	2	8
2	8	3	1	5	7	9	10	6	4
1	5	8	2	4	9	6	3	7	10
9	7	10	3	6	4	2	1	8	5
5	2	1	9	8	10	4	6	3	7
3	10	4	6	7	5	8	9	1	2
8	1	2	5	9	6	10	7	4	3
10	4	6	7	3	8	5	2	9	1

095

7	1	4	8	10	5	3	6	2	9
5	2	9	6	3	7	8	1	10	4
2	3	6	4	1	8	5	7	9	10
8	7	5	10	9	2	1	3	4	6
3	9	8	1	2	10	6	4	5	7
6	10	7	5	4	3	9	2	8	1
1	4	3	9	5	6	2	10	7	8
10	6	2	7	8	1	4	9	3	5
4	5	1	3	7	9	10	8	6	2
9	8	10	2	6	4	7	5	1	3

096

4	2	10	9	1	6	5	7	3	8
5	3	6	7	8	9	4	1	10	2
2	6	1	4	5	7	9	3	8	10
9	7	3	8	10	2	6	5	4	1
3	1	9	6	7	5	10	8	2	4
8	5	2	10	4	3	7	9	1	6
10	4	5	3	6	8	1	2	7	9
1	8	7	2	9	10	3	4	6	5
7	10	4	5	2	1	8	6	9	3
6	9	8	1	3	4	2	10	5	7

097

5	7	10	3	1	6	2	4	8	9
6	9	2	8	4	3	5	10	1	7
2	1	3	6	8	5	4	7	9	10
10	4	5	9	7	8	6	1	2	3
8	10	4	2	6	7	1	9	3	5
3	5	1	7	9	2	8	6	10	4
1	6	9	10	2	4	7	3	5	8
4	8	7	5	3	9	10	2	6	1
9	2	8	4	10	1	3	5	7	6
7	3	6	1	5	10	9	8	4	2

098

1	8	10	3	4	7	2	6	5	9
7	5	2	9	6	8	1	3	4	10
3	6	1	4	7	5	9	2	10	8
10	9	5	2	8	1	4	7	3	6
5	10	6	1	2	9	8	4	7	3
4	3	7	8	9	10	6	1	2	5
8	7	4	10	3	6	5	9	1	2
2	1	9	6	5	4	3	10	8	7
9	4	3	5	10	2	7	8	6	1
6	2	8	7	1	3	10	5	9	4

099

10	7	3	6	1	5	8	4	2	9
4	2	8	9	5	1	3	6	7	10
1	5	7	10	8	9	6	2	4	3
3	9	6	2	4	7	10	1	8	5
8	1	9	3	6	10	4	7	5	2
7	4	2	5	10	3	1	8	9	6
5	8	4	1	9	6	2	10	3	7
6	3	10	7	2	8	5	9	1	4
2	6	5	8	7	4	9	3	10	1
9	10	1	4	3	2	7	5	6	8

100

10	3	7	2	8	6	5	4	9	1
5	4	9	6	1	10	7	8	2	3
7	5	8	3	4	2	1	9	10	6
1	2	10	9	6	4	3	5	7	8
2	10	3	8	5	7	9	1	6	4
6	7	4	1	9	3	10	2	8	5
8	9	5	10	2	1	4	6	3	7
4	6	1	7	3	9	8	10	5	2
9	1	6	5	7	8	2	3	4	10
3	8	2	4	10	5	6	7	1	9

101

9	2	10	1	8	3	7	4	5	6
3	5	4	7	6	1	10	8	2	9
5	3	7	9	2	10	8	1	6	4
8	4	6	10	1	5	3	7	9	2
7	9	3	4	5	2	1	6	10	8
1	8	2	6	10	4	5	9	3	7
4	6	8	2	3	7	9	10	1	5
10	7	1	5	9	6	4	2	8	3
2	10	5	8	7	9	6	3	4	1
6	1	9	3	4	8	2	5	7	10

102

8	3	2	10	7	4	5	9	1	6
5	1	6	4	9	7	10	8	3	2
6	7	1	2	3	10	8	5	4	9
4	10	9	8	5	6	2	3	7	1
10	8	4	9	2	3	7	1	6	5
3	6	5	7	1	2	9	4	10	8
2	4	3	1	8	5	6	10	9	7
7	9	10	5	6	1	4	2	8	3
1	2	8	6	4	9	3	7	5	10
9	5	7	3	10	8	1	6	2	4

103

7	1	10	5	9	2	8	3	4	6
4	2	6	8	3	5	10	7	9	1
2	4	5	10	6	3	1	9	7	8
3	8	7	9	1	4	2	5	6	10
6	7	9	2	8	1	3	4	10	5
1	5	3	4	10	6	7	2	8	9
10	9	1	3	2	8	4	6	5	7
5	6	8	7	4	10	9	1	2	3
9	10	4	1	5	7	6	8	3	2
8	3	2	6	7	9	5	10	1	4

104

6	1	10	2	7	5	8	4	3	9
8	3	9	5	4	1	6	10	2	7
1	4	5	10	3	2	9	6	7	8
2	6	7	8	9	4	10	3	1	5
4	7	6	3	2	8	5	1	9	10
10	5	8	9	1	6	2	7	4	3
7	2	3	4	10	9	1	5	8	6
5	9	1	6	8	3	7	2	10	4
3	8	2	7	6	10	4	9	5	1
9	10	4	1	5	7	3	8	6	2

105

5	3	10	2	1	4	9	7	6	8
9	6	8	7	4	1	2	10	5	3
10	7	4	1	3	8	5	2	9	6
2	8	5	6	9	10	3	1	7	4
8	5	6	3	2	9	10	4	1	7
4	10	1	9	7	5	8	6	3	2
6	2	9	4	5	3	7	8	10	1
3	1	7	10	8	2	6	5	4	9
1	9	2	5	6	7	4	3	8	10
7	4	3	8	10	6	1	9	2	5

106

4	1	9	2	7	6	3	8	10	5
6	3	5	8	10	4	2	7	9	1
9	6	4	3	5	10	8	1	2	7
8	10	2	7	1	3	9	5	4	6
3	7	10	5	2	1	4	9	6	8
1	9	8	6	4	5	7	10	3	2
7	2	3	10	9	8	5	6	1	4
5	8	1	4	6	2	10	3	7	9
10	4	6	9	8	7	1	2	5	3
2	5	7	1	3	9	6	4	8	10

107

3	10	1	7	2	4	5	6	8	9
4	5	9	6	8	3	2	7	1	10
1	2	3	4	7	9	6	10	5	8
10	8	5	9	6	1	3	2	4	7
6	1	10	8	9	7	4	5	2	3
7	4	2	5	3	8	1	9	10	6
2	6	4	3	10	5	9	8	7	1
9	7	8	1	5	2	10	3	6	4
8	9	6	2	1	10	7	4	3	5
5	3	7	10	4	6	8	1	9	2

108

2	10	5	6	4	7	9	1	3	8
1	3	7	8	9	2	4	5	6	10
5	2	4	3	7	9	1	10	8	6
6	1	10	9	8	4	2	7	5	3
3	6	9	5	1	10	8	4	7	2
7	4	8	2	10	1	6	3	9	5
9	8	6	1	3	5	7	2	10	4
10	7	2	4	5	8	3	6	1	9
8	5	3	7	2	6	10	9	4	1
4	9	1	10	6	3	5	8	2	7

109

1	10	2	3	5	9	8	7	6	4
7	4	8	9	6	3	1	5	10	2
2	7	9	1	4	6	5	3	8	10
5	3	10	6	8	1	4	2	7	9
8	5	3	2	1	4	6	10	9	7
4	6	7	10	9	5	2	1	3	8
3	9	5	8	2	7	10	6	4	1
6	1	4	7	10	2	9	8	5	3
9	8	1	5	7	10	3	4	2	6
10	2	6	4	3	8	7	9	1	5

110

10	2	7	1	5	9	4	6	3	8
4	3	6	8	9	1	2	10	5	7
6	5	1	3	10	7	8	2	9	4
2	8	4	9	7	3	5	1	6	10
1	7	8	5	4	2	6	3	10	9
3	9	10	2	6	4	1	7	8	5
5	1	9	6	3	8	10	4	7	2
7	10	2	4	8	6	9	5	1	3
8	4	3	10	1	5	7	9	2	6
9	6	5	7	2	10	3	8	4	1

111

9	1	8	2	4	5	3	6	7	10
3	7	6	5	10	4	1	8	2	9
5	6	2	1	3	8	9	10	4	7
7	10	4	8	9	2	6	1	5	3
4	3	1	6	2	7	10	9	8	5
8	9	5	10	7	1	2	4	3	6
2	5	3	9	6	10	4	7	1	8
1	4	10	7	8	6	5	3	9	2
10	2	7	3	1	9	8	5	6	4
6	8	9	4	5	3	7	2	10	1

112

8	1	6	9	4	10	2	3	7	5
5	2	7	3	10	9	1	6	8	4
10	5	8	4	3	2	6	7	9	1
1	7	9	2	6	5	3	10	4	8
7	3	1	10	2	8	4	5	6	9
9	6	4	5	8	1	10	2	3	7
2	4	5	8	7	3	9	1	10	6
3	9	10	6	1	7	8	4	5	2
4	10	2	7	9	6	5	8	1	3
6	8	3	1	5	4	7	9	2	10

113

7	5	10	2	3	9	1	8	4	6
9	8	1	4	6	2	10	5	7	3
5	2	9	7	4	3	6	10	1	8
6	1	3	8	10	5	7	4	9	2
4	9	7	3	8	6	2	1	10	5
1	6	2	10	5	7	4	3	8	9
2	4	6	5	7	10	8	9	3	1
3	10	8	1	9	4	5	2	6	7
10	7	5	9	1	8	3	6	2	4
8	3	4	6	2	1	9	7	5	10

114

6	1	9	5	7	3	4	2	8	10
10	2	4	3	8	5	6	9	1	7
3	8	1	6	9	2	7	10	5	4
5	7	10	4	2	9	1	8	6	3
1	6	3	2	4	10	5	7	9	8
7	9	8	10	5	6	2	3	4	1
2	4	5	9	10	8	3	1	7	6
8	3	6	7	1	4	10	5	2	9
9	10	2	1	6	7	8	4	3	5
4	5	7	8	3	1	9	6	10	2

115

5	4	1	6	9	7	3	2	8	10
8	3	10	7	2	4	1	5	6	9
3	9	8	4	7	10	2	6	1	5
10	2	6	1	5	9	8	7	3	4
9	6	2	3	4	1	7	10	5	8
7	1	5	10	8	6	9	4	2	3
6	10	7	8	3	5	4	1	9	2
4	5	9	2	1	3	10	8	7	6
1	8	3	5	10	2	6	9	4	7
2	7	4	9	6	8	5	3	10	1

116

4	1	7	3	6	2	5	8	9	10
9	5	8	10	2	1	4	7	6	3
3	4	5	7	8	9	6	10	2	1
6	9	2	1	10	4	3	5	7	8
7	2	6	4	3	8	10	9	1	5
8	10	1	9	5	6	7	3	4	2
2	3	10	6	1	7	8	4	5	9
5	7	4	8	9	10	1	2	3	6
10	6	9	5	7	3	2	1	8	4
1	8	3	2	4	5	9	6	10	7

117

3	1	8	4	2	9	10	6	7	5
5	10	9	6	7	1	2	4	8	3
8	2	7	10	6	4	1	3	5	9
4	9	3	1	5	8	6	10	2	7
10	3	2	7	1	5	4	9	6	8
6	8	4	5	9	3	7	2	1	10
1	5	6	2	3	7	9	8	10	4
7	4	10	9	8	6	5	1	3	2
2	7	1	8	4	10	3	5	9	6
9	6	5	3	10	2	8	7	4	1

118

2	1	7	3	5	6	4	8	10	9
8	4	6	9	10	7	2	5	3	1
10	3	1	5	6	2	7	4	9	8
9	2	4	8	7	5	10	3	1	6
3	5	8	2	4	1	9	6	7	10
1	6	10	7	9	4	5	2	8	3
6	8	5	1	2	9	3	10	4	7
7	10	9	4	3	8	6	1	2	5
4	7	3	6	1	10	8	9	5	2
5	9	2	10	8	3	1	7	6	4

119

1	7	2	9	3	8	4	5	6	10
4	6	8	10	5	7	1	3	2	9
5	8	7	1	6	9	2	10	3	4
9	4	3	2	10	1	5	7	8	6
8	1	4	7	2	6	3	9	10	5
3	10	6	5	9	4	8	1	7	2
2	3	1	6	7	5	10	4	9	8
10	9	5	8	4	2	7	6	1	3
7	5	9	3	8	10	6	2	4	1
6	2	10	4	1	3	9	8	5	7

120

10	2	5	8	4	1	6	3	9	7
3	7	9	6	1	5	8	2	10	4
7	10	4	2	5	3	1	6	8	9
8	6	1	9	3	7	4	10	2	5
6	1	3	7	10	9	5	8	4	2
5	8	2	4	9	10	7	1	6	3
1	3	7	10	2	6	9	4	5	8
4	9	8	5	6	2	10	7	3	1
2	5	10	1	8	4	3	9	7	6
9	4	6	3	7	8	2	5	1	10

121

9	7	8	1	2	4	10	3	5	6
6	3	5	4	10	9	2	7	1	8
3	5	6	8	7	1	4	9	2	10
1	4	2	10	9	8	6	5	7	3
7	6	3	5	4	2	8	10	9	1
2	10	1	9	8	3	7	4	6	5
5	9	10	2	6	7	3	1	8	4
8	1	4	7	3	6	5	2	10	9
10	8	7	3	1	5	9	6	4	2
4	2	9	6	5	10	1	8	3	7

122

8	6	7	1	9	5	2	4	10	3
4	3	2	5	10	1	9	8	6	7
6	1	8	7	4	3	5	2	9	10
10	5	9	2	3	4	8	6	7	1
2	9	10	3	1	7	6	5	4	8
5	8	4	6	7	9	3	10	1	2
1	10	5	9	8	2	4	7	3	6
3	7	6	4	2	8	10	1	5	9
9	2	1	10	5	6	7	3	8	4
7	4	3	8	6	10	1	9	2	5

123

7	2	1	8	9	3	6	4	5	10
6	5	4	3	10	7	2	1	8	9
5	1	8	6	4	2	9	10	3	7
10	7	3	9	2	6	5	8	1	4
4	8	9	7	3	5	10	2	6	1
1	6	10	2	5	8	7	9	4	3
2	3	7	10	1	4	8	6	9	5
9	4	6	5	8	10	1	3	7	2
8	9	2	4	7	1	3	5	10	6
3	10	5	1	6	9	4	7	2	8

124

6	1	3	8	2	7	10	5	9	4
4	10	5	9	7	2	6	8	3	1
8	6	7	1	5	4	2	9	10	3
3	9	2	10	4	5	7	1	8	6
2	5	9	6	8	3	1	4	7	10
7	4	10	3	1	8	5	2	6	9
9	7	8	4	6	1	3	10	2	5
10	2	1	5	3	9	8	6	4	7
5	3	6	2	9	10	4	7	1	8
1	8	4	7	10	6	9	3	5	2

125

5	1	3	9	7	6	4	8	10	2
8	4	6	10	2	1	9	5	7	3
7	6	10	1	3	9	8	2	5	4
2	5	4	8	9	3	7	6	1	10
3	2	5	4	8	7	1	10	9	6
9	10	1	7	6	4	2	3	8	5
1	7	2	6	5	10	3	9	4	8
10	8	9	3	4	5	6	1	2	7
6	9	7	2	10	8	5	4	3	1
4	3	8	5	1	2	10	7	6	9

126

4	8	1	9	2	5	6	3	7	10
3	5	10	6	7	2	8	4	1	9
7	4	6	2	5	8	3	9	10	1
1	3	9	8	10	7	2	5	4	6
9	1	4	3	8	6	7	10	2	5
5	7	2	10	6	3	1	8	9	4
6	9	7	5	3	4	10	1	8	2
10	2	8	4	1	9	5	6	3	7
2	6	3	1	9	10	4	7	5	8
8	10	5	7	4	1	9	2	6	3

127

3	10	1	6	5	8	4	2	7	9
2	9	7	4	8	1	5	3	6	10
4	5	6	9	7	3	8	10	2	1
1	2	8	10	3	6	7	9	5	4
5	4	2	7	6	9	3	1	10	8
9	1	3	8	10	5	2	6	4	7
6	8	4	3	2	10	1	7	9	5
10	7	9	5	1	4	6	8	3	2
8	3	10	2	4	7	9	5	1	6
7	6	5	1	9	2	10	4	8	3

128

2	3	7	9	10	5	4	6	8	1
1	4	8	6	5	3	2	7	9	10
7	2	6	3	4	1	5	8	10	9
9	1	5	10	8	4	7	3	6	2
4	7	10	8	1	9	6	5	2	3
5	9	3	2	6	7	8	10	1	4
6	5	1	7	2	10	9	4	3	8
10	8	9	4	3	6	1	2	7	5
3	6	2	5	9	8	10	1	4	7
8	10	4	1	7	2	3	9	5	6

129

1	3	7	4	2	5	6	10	8	9
5	8	6	10	9	2	7	3	1	4
4	1	2	5	3	7	10	6	9	8
7	6	9	8	10	4	1	5	3	2
10	4	8	3	6	1	9	2	7	5
9	7	1	2	5	6	3	8	4	10
6	2	3	9	1	10	8	4	5	7
8	10	5	7	4	9	2	1	6	3
2	9	4	6	8	3	5	7	10	1
3	5	10	1	7	8	4	9	2	6

130

3	2	8	10	4	5	7	6	1	9
7	1	6	9	5	3	8	4	10	2
2	6	4	1	8	7	10	9	5	3
10	7	9	5	3	8	1	2	4	6
1	5	7	8	6	4	9	3	2	10
9	4	3	2	10	6	5	8	7	1
4	8	10	6	1	2	3	5	9	7
5	3	2	7	9	1	4	10	6	8
6	9	5	3	7	10	2	1	8	4
8	10	1	4	2	9	6	7	3	5

131

10	3	1	8	6	7	2	4	5	9
4	5	9	7	2	8	10	1	3	6
2	1	6	3	5	10	4	7	9	8
8	10	7	4	9	2	1	3	6	5
5	6	10	1	4	3	8	9	7	2
3	7	2	9	8	5	6	10	1	4
6	9	8	2	1	4	3	5	10	7
7	4	3	5	10	6	9	8	2	1
1	2	4	10	7	9	5	6	8	3
9	8	5	6	3	1	7	2	4	10

132

9	5	2	3	4	1	6	10	8	7
7	6	8	1	10	3	9	2	5	4
2	10	1	8	5	9	3	4	7	6
6	7	9	4	3	2	1	5	10	8
8	1	3	6	9	5	4	7	2	10
10	4	5	7	2	6	8	3	1	9
3	2	7	9	1	4	10	8	6	5
4	8	10	5	6	7	2	1	9	3
1	3	6	10	7	8	5	9	4	2
5	9	4	2	8	10	7	6	3	1

133

8	1	10	4	9	5	6	3	2	7
5	6	3	7	2	4	1	10	8	9
10	2	7	5	3	1	4	9	6	8
6	9	4	8	1	3	2	7	10	5
7	5	9	10	6	8	3	1	4	2
3	4	1	2	8	10	7	5	9	6
4	3	2	9	10	6	5	8	7	1
1	8	5	6	7	2	9	4	3	10
2	7	8	3	5	9	10	6	1	4
9	10	6	1	4	7	8	2	5	3

134

7	3	2	9	8	1	5	10	4	6
1	4	5	10	6	7	8	2	3	9
2	1	3	4	5	9	7	6	10	8
10	8	6	7	9	2	4	3	1	5
3	5	8	2	7	4	6	1	9	10
9	6	4	1	10	8	3	5	7	2
5	7	1	6	4	10	9	8	2	3
8	9	10	3	2	5	1	4	6	7
4	10	7	5	3	6	2	9	8	1
6	2	9	8	1	3	10	7	5	4

135

6	5	2	3	1	8	4	9	10	7
4	7	10	8	9	1	6	2	3	5
8	1	7	4	10	3	2	5	9	6
3	2	9	6	5	4	7	1	8	10
1	9	6	5	8	7	10	3	2	4
7	10	3	2	4	5	8	6	1	9
2	8	4	10	3	9	5	7	6	1
5	6	1	9	7	10	3	8	4	2
10	3	5	1	6	2	9	4	7	8
9	4	8	7	2	6	1	10	5	3

136

5	1	4	2	10	6	8	3	7	9
6	8	7	9	3	4	1	2	5	10
8	4	2	3	6	5	9	7	10	1
10	9	1	7	5	8	3	6	4	2
9	3	6	5	4	1	10	8	2	7
7	2	10	1	8	3	4	9	6	5
1	5	3	4	9	7	2	10	8	6
2	10	8	6	7	9	5	1	3	4
4	7	9	8	2	10	6	5	1	3
3	6	5	10	1	2	7	4	9	8

137

4	1	2	5	3	7	8	6	10	9
7	9	8	6	10	1	3	5	4	2
10	2	5	1	8	4	6	3	9	7
3	4	6	7	9	2	5	1	8	10
1	6	4	8	5	10	9	2	7	3
2	10	3	9	7	5	1	8	6	4
6	5	9	3	4	8	10	7	2	1
8	7	1	10	2	3	4	9	5	6
9	8	10	2	1	6	7	4	3	5
5	3	7	4	6	9	2	10	1	8

138

3	5	9	4	10	2	1	8	7	6
1	8	2	7	6	4	9	3	5	10
4	1	6	9	3	8	7	10	2	5
5	2	8	10	7	9	3	6	1	4
2	3	10	5	8	1	6	7	4	9
6	4	7	1	9	10	2	5	8	3
9	6	3	2	5	7	4	1	10	8
7	10	4	8	1	3	5	9	6	2
10	7	5	3	2	6	8	4	9	1
8	9	1	6	4	5	10	2	3	7

139

2	1	5	7	9	8	6	4	10	3
6	8	3	10	4	2	5	1	7	9
7	4	10	5	3	6	2	8	9	1
8	2	1	9	6	4	10	3	5	7
1	9	4	3	10	5	8	7	2	6
5	7	2	6	8	1	4	9	3	10
10	3	7	4	2	9	1	6	8	5
9	5	6	8	1	3	7	10	4	2
4	10	9	1	5	7	3	2	6	8
3	6	8	2	7	10	9	5	1	4

140

1	10	7	3	2	6	5	4	9	8
5	6	9	4	8	7	3	2	1	10
4	1	8	10	6	3	7	9	5	2
7	9	5	2	3	1	4	10	8	6
3	2	1	9	4	8	6	5	10	7
10	8	6	7	5	4	9	1	2	3
6	3	2	5	10	9	1	8	7	4
8	7	4	1	9	2	10	3	6	5
9	4	10	8	7	5	2	6	3	1
2	5	3	6	1	10	8	7	4	9

141

10	3	5	2	7	9	1	4	8	6
1	4	8	9	6	2	7	10	5	3
7	2	10	4	1	3	8	5	6	9
5	8	3	6	9	1	10	2	7	4
6	1	2	3	4	8	5	7	9	10
9	10	1	8	5	4	3	6	1	2
3	7	6	1	10	5	4	9	2	8
2	9	4	5	8	7	6	3	10	1
4	6	1	7	2	10	9	8	3	5
8	5	9	10	3	6	2	1	4	7

142

9	5	8	3	6	4	7	1	10	2
2	10	1	4	7	9	3	8	6	5
1	3	4	9	5	8	2	6	7	10
8	2	7	6	10	1	5	3	9	4
7	4	3	2	1	5	9	10	8	6
5	9	6	10	8	3	1	2	4	7
10	8	5	7	2	6	4	9	3	1
4	6	9	1	3	2	10	7	5	8
6	1	10	5	9	7	8	4	2	3
3	7	2	8	4	10	6	5	1	9

143

8	3	7	10	1	5	2	4	9	6
2	4	9	5	6	1	8	7	10	3
6	9	8	2	3	10	7	5	1	4
10	5	1	4	7	2	3	9	6	8
9	1	5	3	2	6	10	8	4	7
7	8	10	6	4	9	5	3	2	1
1	2	6	7	5	8	4	10	3	9
3	10	4	8	9	7	6	1	5	2
4	7	2	9	10	3	1	6	8	5
5	6	3	1	8	4	9	2	7	10

144

7	9	8	3	10	2	6	1	4	5
5	1	6	4	2	8	7	3	10	9
1	2	10	5	9	6	4	8	7	3
6	7	3	8	4	9	10	5	1	2
9	4	7	10	8	3	1	2	5	6
2	3	5	6	1	10	8	4	9	7
4	6	2	1	5	7	9	10	3	8
10	8	9	7	3	1	5	6	2	4
8	5	1	2	7	4	3	9	6	10
3	10	4	9	6	5	2	7	8	1

145

6	9	5	2	7	3	1	8	4	10
1	10	4	3	8	5	6	2	7	9
4	2	10	1	5	7	8	9	6	3
7	6	8	9	3	2	5	1	10	4
2	8	7	5	9	10	4	6	3	1
10	3	1	6	4	8	9	7	5	2
3	7	6	4	1	9	10	5	2	8
8	5	9	10	2	4	7	3	1	6
9	1	2	7	10	6	3	4	8	5
5	4	3	8	6	1	2	10	9	7

146

5	4	7	1	10	8	6	3	9	2
3	2	6	8	9	1	4	7	5	10
2	8	9	7	3	10	5	4	6	1
4	5	1	10	6	3	8	2	7	9
6	7	5	4	1	2	9	10	8	3
10	3	2	9	8	6	1	5	4	7
8	1	3	2	4	5	7	9	10	6
7	9	10	6	5	4	2	1	3	8
1	10	8	5	7	9	3	6	2	4
9	6	4	3	2	7	10	8	1	5

147

4	10	1	3	5	2	7	6	9	8
9	2	6	8	7	3	5	1	4	10
8	3	7	6	4	9	2	10	1	5
2	5	9	1	10	7	3	4	8	6
7	6	10	5	3	4	8	9	2	1
1	4	8	9	2	10	6	7	5	3
5	1	4	7	6	8	10	2	3	9
3	8	2	10	9	1	4	5	6	7
6	7	3	4	1	5	9	8	10	2
10	9	5	2	8	6	1	3	7	4

148

3	7	1	2	5	8	9	6	10	4
4	10	8	9	6	2	1	7	5	3
10	6	2	5	1	4	7	3	8	9
9	4	7	8	3	10	5	1	2	6
2	3	5	6	8	1	4	10	9	7
7	1	9	4	10	3	8	5	6	2
6	8	10	1	9	7	3	2	4	5
5	2	3	7	4	9	6	8	1	10
1	9	6	10	7	5	2	4	3	8
8	5	4	3	2	6	10	9	7	1

149

2	9	4	5	8	10	3	7	1	6
6	7	3	1	10	2	9	5	4	8
3	2	10	8	7	9	1	4	6	5
1	5	9	4	6	8	10	3	2	7
9	4	1	7	5	3	6	2	8	10
10	3	8	6	2	1	5	9	7	4
8	1	6	3	9	4	7	10	5	2
7	10	5	2	4	6	8	1	3	9
4	8	7	9	1	5	2	6	10	3
5	6	2	10	3	7	4	8	9	1

150

1	3	10	4	2	9	7	8	6	5
9	7	6	5	8	3	4	2	1	10
2	9	3	6	5	8	1	7	10	4
4	1	8	10	7	5	9	3	2	6
5	4	2	8	10	1	3	6	9	7
3	6	1	7	9	2	10	4	5	8
8	2	4	1	3	6	5	10	7	9
10	5	7	9	6	4	2	1	8	3
7	8	5	3	1	10	6	9	4	2
6	10	9	2	4	7	8	5	3	1

151

10	9	1	5	3	7	2	4	6	8
6	4	7	8	2	1	9	3	10	5
5	2	4	9	6	10	8	7	1	3
8	7	10	3	1	2	4	5	9	6
3	1	2	7	8	4	6	9	5	10
4	5	6	10	9	8	3	1	2	7
2	10	3	4	7	5	1	6	8	9
9	6	8	1	5	3	10	2	7	4
7	3	9	2	10	6	5	8	4	1
1	8	5	6	4	9	7	10	3	2

152

9	8	1	2	7	5	6	10	4	3
6	4	10	5	3	7	1	2	9	8
2	7	8	3	1	9	5	4	6	10
4	5	9	6	10	2	3	8	1	7
5	1	3	8	4	10	2	9	7	6
7	9	2	10	6	4	8	1	3	5
8	6	4	9	5	1	7	3	10	2
10	3	7	1	2	8	4	6	5	9
1	2	6	7	9	3	10	5	8	4
3	10	5	4	8	6	9	7	2	1

153

8	10	2	1	4	3	5	6	7	9
3	5	6	7	9	1	8	2	10	4
5	6	8	2	1	9	4	7	3	10
7	3	9	4	10	6	2	1	8	5
4	8	5	6	2	7	3	10	9	1
1	9	3	10	7	5	6	4	2	8
9	4	7	8	6	2	10	5	1	3
10	2	1	3	5	4	9	8	6	7
2	1	4	9	8	10	7	3	5	6
6	7	10	5	3	8	1	9	4	2

154

7	4	6	9	1	8	5	2	3	10
3	10	5	2	8	1	7	6	9	4
4	5	1	6	3	9	8	10	7	2
8	2	9	10	7	3	1	5	4	6
9	7	8	5	2	10	4	1	6	3
10	6	3	1	4	5	2	7	8	9
5	1	7	3	9	6	10	4	2	8
2	8	10	4	6	7	3	9	1	5
6	3	4	7	10	2	9	8	5	1
1	9	2	8	5	4	6	3	10	7

155

6	3	7	1	5	2	9	8	10	4
8	10	2	4	9	5	1	6	3	7
2	4	5	7	3	8	10	9	6	1
9	6	1	8	10	3	5	4	7	2
5	7	10	9	1	6	3	2	4	8
4	2	6	3	8	9	7	5	1	10
1	9	8	10	2	4	6	7	5	3
3	5	4	6	7	1	2	10	8	9
7	8	3	2	6	10	4	1	9	5
10	1	9	5	4	7	8	3	2	6

156

5	1	6	9	3	2	4	8	7	10
4	7	10	2	8	1	5	3	6	9
10	2	1	6	4	3	9	7	5	8
7	8	3	5	9	4	10	1	2	6
6	3	5	8	7	9	1	4	10	2
1	9	2	4	10	7	6	5	8	3
8	10	4	3	2	6	7	9	1	5
9	5	7	1	6	8	2	10	3	4
3	6	9	10	1	5	8	2	4	7
2	4	8	7	5	10	3	6	9	1

157

4	1	8	2	5	3	7	6	9	10
7	9	6	10	3	8	2	5	4	1
6	2	5	3	8	4	10	1	7	9
9	4	10	7	1	2	5	8	3	6
1	10	7	8	2	9	6	4	5	3
5	3	4	6	9	10	1	7	8	2
3	5	2	4	6	1	8	9	10	7
10	8	1	9	7	5	3	2	6	4
8	7	3	1	4	6	9	10	2	5
2	6	9	5	10	7	4	3	1	8

158

3	1	10	2	7	4	6	9	8	5
6	4	8	5	9	2	7	1	10	3
10	9	4	1	6	5	8	3	7	2
2	3	5	7	8	9	10	6	1	4
7	2	1	6	10	3	4	5	9	8
8	5	9	3	4	1	2	7	6	10
1	10	6	8	5	7	3	4	2	9
4	7	3	9	2	8	1	10	5	6
9	6	2	4	1	10	5	8	3	7
5	8	7	10	3	6	9	2	4	1

159

2	1	10	7	4	9	3	5	8	6
8	6	5	3	9	4	2	7	1	10
6	3	4	1	5	2	7	10	9	8
9	8	7	2	10	3	1	4	6	5
5	2	3	4	8	1	9	6	10	7
1	9	6	10	7	5	8	3	2	4
7	4	8	9	3	10	6	2	5	1
10	5	1	6	2	8	4	9	7	3
3	7	2	5	1	6	10	8	4	9
4	10	9	8	6	7	5	1	3	2

160

1	10	4	5	3	7	2	9	6	8
2	7	8	9	6	5	10	3	4	1
5	8	10	2	7	6	4	1	3	9
9	1	6	3	4	10	5	8	7	2
3	2	1	6	9	8	7	4	10	5
10	5	7	4	8	9	1	6	2	3
4	6	3	10	1	2	9	5	8	7
8	9	2	7	5	3	6	10	1	4
7	3	5	1	10	4	8	2	9	6
6	4	9	8	2	1	3	7	5	10

161

10	1	9	2	3	8	4	7	5	6
7	5	4	6	8	2	1	9	10	3
2	9	8	1	10	6	7	5	3	4
6	7	3	5	4	10	9	2	1	8
3	10	1	8	9	5	2	4	6	7
5	2	7	4	6	1	3	10	8	9
8	4	2	7	5	3	6	1	9	10
9	3	6	10	1	4	5	8	7	2
1	6	10	9	2	7	8	3	4	5
4	8	5	3	7	9	10	6	2	1

162

9	4	7	1	3	10	5	8	2	6
2	10	5	8	6	1	3	7	9	4
1	3	9	4	10	5	6	2	8	7
8	2	6	7	5	3	9	1	4	10
3	9	2	6	4	7	8	10	5	1
5	1	8	10	7	4	2	9	6	3
7	6	1	2	9	8	4	3	10	5
4	5	10	3	8	9	7	6	1	2
10	7	4	9	2	6	1	5	3	8
6	8	3	5	1	2	10	4	7	9

163

8	3	7	2	4	9	10	1	5	6
10	9	1	5	6	2	7	4	8	3
6	1	10	7	9	3	2	8	4	5
3	5	4	8	2	6	1	7	9	10
5	4	6	9	10	1	8	3	7	2
7	8	2	1	3	10	5	9	6	4
2	6	5	3	8	4	9	10	1	7
4	7	9	10	1	5	6	2	3	8
1	10	8	4	5	7	3	6	2	9
9	2	3	6	7	8	4	5	10	1

164

7	1	10	4	9	2	3	5	8	6
2	3	6	8	5	1	9	7	10	4
5	7	2	9	1	6	4	8	3	10
3	10	8	6	4	5	7	9	2	1
9	5	3	2	6	7	1	10	4	8
10	4	7	1	8	9	6	3	5	2
8	9	4	7	3	10	2	1	6	5
1	6	5	10	2	3	8	4	9	7
4	2	9	5	7	8	10	6	1	3
6	8	1	3	10	4	5	2	7	9

165

6	5	7	9	3	10	1	8	2	4
1	2	8	4	10	3	9	5	6	7
8	4	2	1	5	6	7	3	9	10
3	7	6	10	9	1	2	4	8	5
9	6	10	7	1	5	8	2	4	3
4	8	3	5	2	7	10	6	1	9
10	3	1	6	4	2	5	9	7	8
2	9	5	8	7	4	6	10	3	1
5	1	9	3	6	8	4	7	10	2
7	10	4	2	8	9	3	1	5	6

166

5	7	1	2	10	3	6	4	8	9
4	3	6	8	9	1	7	5	2	10
2	8	5	6	3	9	4	10	7	1
1	9	4	10	7	5	2	8	3	6
10	5	3	1	4	2	9	7	6	8
8	6	7	9	2	4	5	1	10	3
9	1	2	5	8	6	10	3	4	7
7	4	10	3	6	8	1	2	9	5
3	2	9	7	1	10	8	6	5	4
6	10	8	4	5	7	3	9	1	2

167

4	1	6	3	7	9	5	2	10	8
5	2	10	9	8	6	7	1	4	3
2	5	7	6	1	3	4	10	8	9
10	3	8	4	9	5	1	7	2	6
3	4	5	10	6	1	8	9	7	2
8	9	1	7	2	4	3	6	5	10
7	6	3	1	10	8	2	4	9	5
9	8	2	5	4	10	6	3	1	7
6	10	4	2	5	7	9	8	3	1
1	7	9	8	3	2	10	5	6	4

168

3	10	1	4	7	6	2	8	9	5
5	8	2	6	9	4	7	1	3	10
2	6	8	9	1	3	5	7	10	4
7	4	3	10	5	2	1	9	8	6
8	3	4	1	6	9	10	5	7	2
10	9	5	7	2	8	4	6	1	3
6	1	7	2	4	10	8	3	5	9
9	5	10	8	3	1	6	2	4	7
1	7	6	3	10	5	9	4	2	8
4	2	9	5	8	7	3	10	6	1

169

2	3	8	10	1	4	9	5	7	6
6	7	4	9	5	1	2	8	10	3
10	2	5	1	4	8	6	7	3	9
8	6	9	7	3	10	1	4	5	2
1	5	10	4	2	9	3	6	8	7
9	8	7	3	6	5	10	2	4	1
3	4	6	2	10	7	5	9	1	8
7	9	1	5	8	6	4	3	2	10
4	10	3	6	7	2	8	1	9	5
5	1	2	8	9	3	7	10	6	4

170

1	7	3	2	9	5	4	10	6	8
8	4	5	6	10	3	2	1	7	9
7	2	8	4	3	9	5	6	10	1
5	10	9	1	6	4	3	8	2	7
2	1	6	9	5	8	10	7	3	4
4	3	10	8	7	6	1	2	9	5
6	5	4	7	8	2	9	3	1	10
10	9	1	3	2	7	8	5	4	6
9	6	2	5	1	10	7	4	8	3
3	8	7	10	4	1	6	9	5	2

스도쿠 10×10

고급 천재력

2024년 2월 20일 초판 1쇄 인쇄
2024년 2월 23일 초판 1쇄 발행
기획 윤필수 · 김영진
펴낸이 마복남 | **펴낸곳** 버들미디어 | **등록** 제 10-1422호
주소 서울시 은평구 갈현로1길 36
전화 (02)338-6165 | **팩스** (02)352-5707
E-mail : bba666@naver.com

ISBN 978-89-6418-078-5 04410